城市意象

Kevin Lynch

THE IMAGE OF THE CITY

[美] 凯文·林奇 著

万美文 译

华夏出版社

HUAXIA PUBLISHING HOUSE

目　录

推荐序

唐克扬

在城市设计这个领域中，《城市意象》恐怕是迄今最有名的理论著作之一了。就算在形形色色非专业的城市实践中，"城市意象"的说法也时时有人提起——虽然在不同背景的人们心目中，这个含义宽泛的词很可能各有各的解释，不过正如作者自己后来也提到的那样，现实的推动力来自城市推广的真实需要，在全球性旅游工业的迅速整合之中，原本虚无缥缈的城市"意象"意外地变成一种强有力的文化资本。

凯文·林奇（1918—1984）早年有过在耶鲁大学学习建筑的经历。面临一个全面变革的时代，林奇对沿袭巴黎美院式样的建筑教育感到不满，因此他出走成了当时人望甚高的建筑师弗兰克·L.莱特的学生。但是，在莱特位于塔里埃森的工作室，这位原本就是中西部长大的青年或许并未得到他需要的一切，正好，不久后的第二次世界大战给了他去远东的机会。最终，林奇又回到了东海岸的波士顿，他在多处，包括在《城市意象》一书中表达了对这座城市的喜爱。他于1949年成为麻省理工学院（MIT）的一名城市规划教员，一生的教学时光基本都在这所学校度过。最终，林奇因为心脏病突发，在他最喜爱的度假地，也是美国东北部的玛莎葡萄园岛（Martha's Vineyard）去世。

《城市意象》看起来不像寻常的大部头著作。它本来就紧凑的篇幅中，还有一小半是说明研究方法的附录。这本书起源于1952年林奇的一个小研讨课，然后他找了一群师生继续这项研究。紧接着因为得到一笔资助，林奇得以在佛罗伦萨待了一段时间——我们有理由相信，在旧大陆城市的这段经历对于林奇的思想形成一定有着巨大的影响，1954年他回到美国之后重拾这个题目，将书中描述的研究计划付诸实施。本书可以称作这项研究计划的一个"结项报告"。

　　林奇这项研究计划的大的语境，是"城市设计"这个学科在战后的兴起。1956年，哈佛大学启动了他们的第一次"城市设计会议"，列席这次会议的不仅包括学院的城市研究者，还有简·雅各布斯和刘易斯·芒福德这些在城市思想史上有着非凡地位的城市学家（urbanist）。直到现在，"城市设计"这个词也很容易产生歧义，让人觉得不过是将建筑实践的对象由较小的对象转移到大尺度的城市——事实上，城市"设计"正是对将建筑方法直接套用在城市"规划"上的做法的一种拨正，但同时它也不希望完全放弃建筑师研究形式的特长。在林奇接受教育的时代，现代主义建筑学尚没有取代布杂艺术（Beaux-Arts）在大学里成为风尚，规划师和建筑师的养成教育相差无几，相对于耶鲁大学和宾夕法尼亚大学这样的老牌建筑学院，波士顿的两所大学也就是哈佛大学和麻省理工学院的风气有所不同，尤其在战后，它们吸收了欧洲来的现代主义人物，崛起为新的城市思想的策源地。当年贝聿铭在考虑报考建筑专业时，就是感到自己并不长于绘画而选择了麻省理工学院，如前所述，哈佛大学建筑研究生院（GSD，今日或称哈佛设计学院）也慢慢撇清了和传统美术学院的关系，它是最早在大学中设置独立城市设计课程的建筑学院之一。

　　林奇当时所进行的是一项没有前例的工作，在他的团队中没有人有过完全合格的提炼"城市意象"的训练——今天听到这些话的建筑学院师生或许会略感困惑，因为绘制意象地图已经成为城市设计中一项常规的方法，这项工作的门槛看上去也不高。但是，让我们历史地考虑一下当时建筑与规划专业教育的背景，源自美术学院的训练虽然看重"形式"在空间生成中的作用，但是对于空间形式尤其是城市尺度的空间形式，学生并无确定的方法论去讨论其感受路径，毕竟它们不真的是一幅"画"。刚刚从意大利归来的林奇一定了解，在城市史上，不乏艺术大师同时塑造城市空间的范例。比如米开朗基罗在罗马设计的卡比托利欧广场（Piazza del Campidoglio），它的要点并不在于平面的图案和静态的对称布局，对于那些气喘吁吁从西北面台阶往上爬的游人而言，斜方形（trapezoidal）的上升面构成一个"仰角透视"的景观，广场像是伸出下倾的手臂攫取来访者的身心。这种立体城市空间的样式存在已久，但是近代它们被明信片式的风景画和摄影图像简化了、"降维"了，丰富的"地方"真的成为没有深度的"画"之后，建筑和艺术之间的关系就更让初学者迷惑了。

　　简单说来，凯文·林奇开展此项研究的主要目的，是更清晰地理解城市环境和人的心像（mental image）之间的关系，同时不丧失它们各自的有趣性。首先，林奇是一个大学研究人员，当时大多数的心理学家都在实验室中从事他们的研究，对心理学这门前沿学科（今天它依然前沿！）颇感兴趣的林奇希望能找到在城市环境中运用行为心理学的方法，从而把城市实践拉近科学，扩展心理学研究的范畴。其次，对一个城市居民而言，城市设计既不排除定量分析又必须和"效果"有关，城市景观（cityscape）的美学问题是不容回避的，大多数城市规划者认为城市规划是一种技术问题，一旦涉及主观的话题就成了无法讨论的个人趣味——但无论如何，城市不可能不考虑具体的人对城市的感受，哪怕它是一种错解。再次，本身也是一位设计师，一个城市的实践者，林奇希望将对个人的感受研究和表达发展为一种城市尺度的工具，他"……希望思考一座城市究竟该是什么样……寻求直接在（城市）那个尺度上设计的可能性"，这样"城市设计"就名副其实了。最后，在政策制定层面，林奇希望影响城市实际的规划者，希望他们更加注意生活在某个地方的人的感受，据此做出适当的决策，也就是说，一座城市的实际感受该如何影响到一个城市发展的政策？

林奇并不打算像19世纪的美学家那样制造出一种笼罩一切的心理结构，他受到了转型心理学（transitional psychology），尤其是约翰·杜威的巨大影响，后者尤其强调个体经验（experience）的重要性。林奇所谈论的城市意象主要是一个"翻译"的问题：一个人如何将感知翻译为"地方"（place）？前者难以实体化，后者才是城市经验的基本载体。传统的心理学虽然给了他重大的启发（"故事、记忆和人类学表述……"），但是并没有提供给他具体的工具，《城市意象》一书中，受过建筑师训练的林奇因此发明了一种全新的，能够落实为形式分析的方法，对具体的空间主体有效，也对日常生活有效。

林奇的团队通过采访30个人检验了这种方法。他精心挑选了3个自认为具有代表性的美国城市：纽约哈德逊河对岸的泽西城，这是一座毫无特色的城市；洛杉矶，人们觉得它是未来依靠机动车的城市的代表；不用说，还有林奇一辈子最喜欢的波士顿，挑选它是因为"我们就在那，我们了解而且喜欢（这座城市）"。研究从两方面来进行，一方面，通过"画图找路"的办法，采访者设法让受访者描绘出一个人脑海中的城市意象是什么样子的，他们还会根据这些意象地图实际在城市中行走，看看它们到底有没有用；另一方面，一些成员则专注于城市"应该"是什么样子的，根据他们了解的城市，人们画出另外一种简图。最后把这些图放到一起和采访过程互相比照。

林奇团队最大的发现是，通常认为人们的城市意象受限于每个地方的文化和风俗，但是通过这些采访他们发现，对大多数地方的感受中确实存在一致的和细节性的共同特征，因此，一个城市的观察者假如对本地文化不全然陌生，也理解这种"城市意象"创生之道，就可以通过仔细研究城市，得出有共通性的结论。城市意象于是像考古器物一样，可以区分出清晰而稳定的类型；一个城市研究者也可以像考古队长一样对这些图像进行分类，并推演出可能存在的其他类型。林奇认为，对于形成一个地方优良的本地特征来说，这些意象的"质量"至关重要。

因为这是一本写作于半个多世纪以前的书，很多人即使没有看过本书也能大致理解书中的内容。书中列举的五个分析城市意象的要素，也就是路径（paths）、边际（edges）、区域（districts）、节点（nodes）和地标（landmarks），现在已经广泛用于城市设计中的形式分析了，在有些项目的汇报中你也常听到这些术语。但是这种方法的实质意义并不是所有人都了解，甚至会产生误会。比如，这五种要素并不是并列的关系，它们与其说是一套工具，不如说是对同一城市对象的不同的解析方法。和古典城市形式的要素不一样，林奇的"要素"既可以构成整体系统，也可以独立存在，而且"要素"本身是中性的，并不一定就是需要恪守的"范式"，比如"边界"有好的边界也有坏的边界，"哈肯泰克河岸的垃圾焚烧场"就是一类"令人不快的边界"。

书中的插图给人留下较为深刻的印象。它们并不是写实的城市地图，也并非完全没有层次的符号，把它们称为一种介于详图和概念之间的视觉图解（diagram）更好。林奇认为它们是"城市意象"的基本逻辑，或者至少说明了这种逻辑。比如类似这样的一张插图（本书68页第一张图）：无论是中文版还是英文版都使用了类似的版式，不大的图解仅仅有一个圆圈，围绕着圆圈的弥散的黑点，加上几个向心的箭头。事实上，它也概括了本页下方大幅照片所表述的空间信息：

> 围绕一个强烈核心，主题单元向外渐弱、递减的区域，并不少见。事实上，有时一个强烈的节点在更大的相似地带范围内，仅仅通过"辐射"，即接近节点的方式，也可能形成一种区域，它最初是参考范围，似乎没有可感知的内容，但仍然是有价值的组织概念。

确实，图解所描述的"城市意象"，用视觉简图的方式表述了很难用其他方法讲得更清楚的空间感受。它必然是对城市现实的一种有意识的简化，不是全息地复制人造环境的做法，所以"城市意象"必然是具体的和有语境的。按林奇自己的解释，这个研究首先是因为"识途"（wayfinding）的需要，一个人在导航（navigation）的时候，依据的是一个更大的心理结构，从而唤出他所期待的"城市意象"。我们不应该忘记的是，这个研究计划本身也是通过有限的访谈形成的，它依赖于受访者下意识的、即时的图解。最终，这种思路必然会延伸到另外一个维度，就是片段的"城市意象"会随着时间和对象不断发展，它带来一个可以被持续讲述的空间的故事。

在这本书出版二十年之后，林奇在一篇书评中回顾了围绕《城市意象》一书的一些核心疑难，这篇文章也可以说是对当初质疑他的理论的人的一种回应。首先就是关于如此篇幅而且基于有限经验的书，如何确信能够涵盖更为广大的现实的问题——这个问题实际上也涉及上述的一般和特殊、要素与系统、瞬时和长久之间的关系。比如，人们会问，林奇挑选的如此少的采访对象，并且都是年轻的中产阶级人士，大多数是专业人员，他们真的能代表普遍性的城市意象生成的状况吗？

林奇的回答是这些不多的样本却是具有"代表性"的，至少在基本成分、提炼的技术和分析方法上而言，总体稳定的城市意象，并不因为受访人员的变化而有显著的变化，即使短时间内发生变化也是如此，这才会有一个城市和地方的基本特色可言。他承认，另一种对他们研究方法的质疑，倒是更切中要害一些，那就是绘制地图需要较高的心智和技巧，并不是每个人都擅长，那么那些不掌握这种技巧的人，是否就不会有活泼的心像（mental image）呢？这显然和人的一般生活经验是有出入的，因为不能画图并不代表就不认识城市（不"识图"也不见得就不"识途"），有的人即使不熟悉特定的城市意象，但对城市生活还是有较好的体验。就像贡布里希在《图像和眼睛》中所说的那样，辨认（recognition）和回忆（recall）完全是两回事。林奇承认这种质疑有道理，但他认为随着时间发展出的集合图像（composite picture）弥补了单一图像可能存在的偏颇，两者并不矛盾。"冰山之一角"，林奇说，"毕竟是冰山"。

而且，即使地图和图像两者偶不相合，学会积极的识图（"识途"）也有社会的和感情的价值。林奇认为，尤其对于（当时刚刚开始出现的）电视一代而言（推而广之，对于今天的手机一代），自己的意象地图绘制方法具有高度的教育意义。

既然"城市意象"的生成中有着如此众多的"规律"，有些设计师开始害怕他们的角色会被这种方法掩藏的"人工智能"潜力所代替，林奇的方法将演绎为"设计科学"。林奇安慰他们，仅仅是分析和归纳现状并不意味着有猜测未来的能力，这部分的潜力依然掌握在艺术家的手中，这就好像天气预报并不会改变我们和气候的关系。

我们看到，仅仅就城市规划和建筑设计而言，时至今日，真正的人工智能时代已经带来了林奇所不能预想到的挑战。我们其实无法否认，"设计科学"有可能杀死

"设计"，就好像强调"学科"的"人文学科"最终丧失了人文价值，完全依赖 GPS 导航的宅男宅女最终没有出门的欲望了。这里，最为事关重大的还不是技术问题，而是对技术问题的研究是否在高估（清晰）意象的作用的同时，也否定了另一些我们习以为常，但却无法解释的现象的价值：一座迷宫般的城市不是也让人们觉得富有魅力吗？

不容否认的是，在林奇的书籍出版前后的那个时代，科学主义的倾向已经流行于各个学科中，鲁道夫·阿恩海姆所讨论的格式塔心理学，艺术史研究中流行的视觉心理学分析，等等，有志于"识途"的城市研究也不例外，20 世纪 60 年代末，约翰·奥基夫（John O'Keefe）已经率先发现了大脑定位系统中的"位置细胞"。这种风气的直接后果，就是"清晰"击败了一切"蒙昧"。但是半个世纪前，林奇依然自信地认为，没有特征的环境主要是会使我们丧失非常重要的情感满足。地方，尤其是波士顿那样有着出色城市意象的地方，对于一个人的心智成长乃至身份认同有着不容置疑的意义："应该设想，一个威力巨大的场所意象是集体身份的基石，常能感受鲜明的、生动的景观而致的喜悦，并记录在案，一个成熟，自信的人可以对付枯燥混乱的环境，但是对那些内心迷惑，或者在成长瓶颈期间的人而言，这些环节就造成了巨大的麻烦。"

但是林奇自己承认这种人文主义的假设本身有待证明。因为通俗文化中有很多轶事和个人体验证明，鲜明、积极、开放的城市意象并不是所有城市的唯一选择。在心理学研究、艺术作品和小团体社会中出现的很多例证，证明了多样化的城市意象之间存在着声息相通的关系，突出其中一种并不意味着就取消其他种。

林奇为丰富他的理论找到更积极的观点：首先，一种更民主地对待这项研究的态度，是尊重不同体验个体的多样性，无论他 / 她的年龄、性别、对城市的熟悉程度，不同的角色扮演，城市意象的生成将演变成一种"参与式"的设计过程，而不是放之四海而皆准的规范。其次，加入时间维度的"城市意象"是在变化中求得理解。某些规划者误以为意象就如同城市的标准照一样不容更动，其实"我们是寻求范式的人，但是我们并不崇拜范式"（We are pattern makers, not pattern worshippers）。最后，林奇清醒地意识到"理论是灰色的，而生命之树长青"，"城市意象"不会发展成系统的空间语义学，因为构成"地方"的并不是一套明明白白的语言，在这种具有高度象征性的语言的意义生产过程中，人们无法彻底地将那些"意象"的能指（signifier）和它的所指（signifie）剥离开来。

相对于美丽的郊野风景，林奇是一个偏好"城市"的人。虽然佛罗伦萨是林奇研究的最直接前因，但是他的城市有着更为广阔的取向，它是文化的也是日常的，有激动人心的场景，也有庸常的现实和由此产生的矛盾，不只是那些旅游明信片中的城市，而可能是佛罗伦萨、波士顿、泽西城和洛杉矶的总和。想必，这也是当年他离开自我、孤立、离群索居的莱特的原因。

1984 年，林奇去世，当时年纪并不大。他所忧心的事情，尤其是在美国之外的一些国家在他生前已演变成现实。他本意是为了用于分析现状影响城市政策，制定出一种没有太多门槛的工具，但最后，在一些国家——比如日本和以色列——这种"城市意象"的工具因为其方便易行却成了发展旅游工业的廉价手段。他略有些好笑地看到，在美国，政策制定者对于"城市意象"并不大热衷，因为在美式政治中，大都会的居民众口难调，政策制定者为了讨好选民总是试图保持一种表象上的中立，不想把城市归于特定的有激进之嫌的审美诉求。

更有甚者，林奇心目中的某些"未来"现在已成为过去时，有些城市意象的前提已经发生巨大的变化。比如，在书中，波士顿的高架铁路原是所谓"空中边界"的积极实例，但是波士顿的大开挖（Big Dig）抹去了很多类似的边界，原因和很多美国城市一样，大国崛起期间，大家乐意看到的繁忙公路穿过城市的情景已经不再受欢迎。

就像林奇的著作在亚洲国家的意外影响一样，和工业社会一起滋生的各色"城市漫游者"赋予了"城市意象"新的生命；或者，我们也可以认为这是旧文化重生的一种途径，和理论在每个时代特定的使命并无直接关系。就在不久以前，英国的建筑师联盟学院（AA School）举办了一个名叫"城市意象浸入"（Immerged the Image of the City）的会议，讨论电影、空间和建筑的关系。其中引用了瓦尔特·本雅明在 1937 年的一段话。本雅明提到，全景画（panorama）同时还是一种面对生活的新态度，它带来一种艺术和技术间关系的骚动——那也就是居伊·德波稍晚些时候说到的：那些相对外省有着政治上优越性的城市居民，通过这些全景画，"将乡村带进城市。在全景画中城市展开了，（城市）变成景观……"

以上恰恰证明了林奇著作持久的生命力，也说明了"城市意象"在实际功用层面之外更广泛的意义。

第一章　环境的意象

　　观看城市总能给人一种特别的乐趣，不论看到的景致多么平淡无奇。就像建筑，城市是空间里的构造（只是尺度非常大），是需要花费较长的时间过程去感知的东西。所以，城市设计是一门时间的艺术，可是它很难运用其他时间性艺术（比如音乐）中那种受控的、限定的时间顺序。因为情况不同，人不同，观赏城市的顺序会被颠倒、阻碍、中止或打断。而且观赏的光照和天气条件也各不相同。

　　不论什么时候，对于一个有待探索的环境或景观，耳目所及总是有限的。没有什么东西是被人单独体验的，而总是要与其周边的环境、引向它的一系列事件、过去经验的回忆产生联系。把华盛顿街放到农田里去，表面看来或许和波士顿中心的商业街也没什么两样，但它们完全不是一回事。每个市民都与城市的某个部分打了很长时间的交道，城市的意象已经深深融入他的各种回忆中。

　　城市，特别是其中的人和各种活动当中的移动要素，与静态的实体部分同样重要。我们不单单是城市景观的观察者，而且，我们与其他参与者一同站在舞台上，本身就是它的一部分。一般来说，我们对城市的感知不是持久的，而是不完全的、支离破碎的，而且与别的事情交杂在一起。几乎每种感官都会被运用起来，对城市的意象正是全部感官综合作用的结果。

　　城市不但是阶层和性格各异的数百万人感知（有时可能是欣赏）的对象，而且是许多建造者（出于各自不同的缘由）不断改造的产物。尽管在一段时间内，城市的总体轮廓保持稳定，但是内部的细节总是在不停地变化。人们对城市的增长和外形只能施加局部的控制。城市发展没有一个最终的结果，只有连绵不断、前后相续的过程。所以，在取悦感官的诸多艺术中，塑造城市的艺术与建筑、音乐或是文学都不一样。它可以从其他艺术门类中借鉴很多东西，但不可能模仿它们。

　　优美而令人愉快的城市环境是罕见的，有人甚至会说是不可能的。任何一个美国城市，但凡比村庄再大一些，便没有全城一贯优美的品质，虽然有几个小城的某些区段还不错。所以，理所当然地，美国人一般都不知道在那样一个环境中生活意味着什么。他们很清楚自己生活的地方有多丑陋，而且经常抱怨那里的尘土、浓烟、酷热、拥堵、混乱和单调。可是他们几乎意识不到和谐的环境（他们也许在旅游或度假时匆匆瞥见过）潜在的价值，难以体会到城市环境会对自己每天的快乐心情产生重要影响，它是生活中稳定的船锚，是丰富多彩的世界的延伸。

易读性

　　本书通过研究市民心中对城市的意象来考察美国城市的视觉性质，而且关注一种特殊的视觉性质：城市景观展现的清晰性或"易读性"（legibility）。我们用这个概念想说的是，城市的各组成部分被辨别出来并构成条理清晰的框架的难易程度。就像这一页印了字的纸，如果它确实是易读的，那么我们应该可以从视觉上将其识别为一些可辨认的符号组成的相互关联的结构；所以，一个易读的城市就是说一个城市中的区域、地标、道路能被人容易地识别出来并轻松地组织到一个总体框架当中。

　　本书主张易读性对于城市景观非常关键，将对其进行详细分析，并尝试证明这个概念如何能应用到当今的城市改造中。读者很快就会发现，这项研究只是一次初步的探索，仅仅是开始而不是盖棺定论，只是尝试捕捉灵感，试着提出阐发并检验这些想法的途径和方法。所以，行文语气多为试探性的，也许有点不负责任：小心翼翼当中又带着狂妄不羁。第一章将阐发一些基本想法，后面的章节则将其应用到几个美国城市中并讨论其对城市设计的影响。

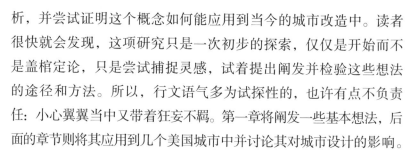

清晰性或易读性绝不是一个美丽城市唯一重要的性质，但是当我们在城市的层面考虑环境的尺度、时间和复杂度时，它就有着特别的意义。要理解这一点，除了考虑城市本身，我们还必须考虑其居民心里感受到的城市。

组织和识别环境是所有动物至关重要的技能。它们要使用到各种线索：对颜色、形状、运动或光的偏振的视觉和其他感觉，比如嗅觉、听觉、触觉、肌肉运动知觉、对重力以及电场或磁场的感觉等。已经有大量文献对这些辨别方向的手段，从燕鸥跨越北极的飞行到帽贝在石头上留下的移动痕迹，进行了描述并指出了其意义。[10, 20, 31, 59] 心理学家也对人类的这种能力进行了研究，尽管还很不充分或者限定在实验室条件下。[1, 5, 8, 12, 37, 63, 65, 76, 81] 除去一些遗留的疑问，目前看来动物应该不存在寻路识途的神秘"本能"，而是只有从外部环境获取确定的感觉线索并加以使用和组织的能力。这种组织的能力对动物寻路的效率和生存都是极为重要的。

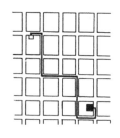

对绝大多数生活在现代都市的人来说，彻底迷路应该是极其罕见的体验。总会有其他人以及专门的寻路装置帮我们找到路：地图、街道编号、路标、公交车站牌等等。但是一旦我们迷失方向，随之而来的焦虑甚至恐惧就会证明：方向感与我们的平衡感和幸福感有着多么密切的关系。在我们的语言中，"迷失"一词绝不仅仅意指地理位置上的不确定，它还暗示着巨大的灾难。

在寻路的过程中，最重要的环节在于对环境的意象，即个人心里对外部物理世界概括的心理图画。这个意象是直接感觉和过去经验的记忆共同产生的，人们用它来解读信息并指导行动。识

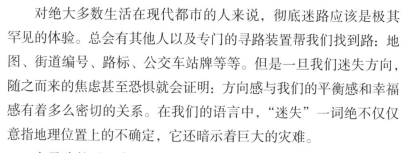

别和组织环境的需要非常重要而且源远流长，所以这个意象在实践和情感上对个人都有着深远的意义。显然，一个清晰的意象能让人方便而快速地四处活动，比如找到朋友的家、警察或纽扣店。但是，组织有序的环境意象的作用远不止这些；它可以充当广大的参照系，将行动、信念或知识组织起来。根据对一个地方（比如曼哈顿）的结构认知，我们可以将关于自己所生活的世界的大量事实和幻想组织起来。这样的结构让人可以有所选择，并进一步获取更多信息。所以说，一个清晰的环境意象对于个人发展是良好的基础。

一个生动而立体、完整的实体环境，可以让人产生清晰的意象，并且发挥重要的社会作用。它能为群体交往的符号和集体回忆提供素材。原始人群中许多具有重要社会影响力的神话往往以迷人的自然风光作为骨架。"家乡"的共同回忆也一直是战争时期孤独的战士们最先提起和最容易产生交流的话题。

好的环境意象给人带来安全感，让人能与外部世界建立一种和谐的关系。这种感受与迷失方向带来的恐惧截然相反。这就说明，家在让人感到熟悉之外如果还具有鲜明的特色，那么这个家就会给人以最甜蜜的幸福感。

确实，富有特色而清晰可读的环境不仅可以给人带来安全感，而且能加强人类经验潜在的深度和强度。虽然在视觉感官一片混乱的现代都市里，日子也绝不是过不下去，但是如果能生活在一个更生动的环境里，同样的日常活动也许会有不一般的崭新意义。可以说，城市本身有力地象征着复杂社会。如果视觉上能布置得当，它还能具有很强的直接表现力。

也许有人会这样否定实体可读性的意义：人脑具有令人惊叹的适应能力，只要有了一定的经验，人们就能学会从最杂乱无章或是毫无特征的环境中找到出路。在"无迹可寻"的大海、沙漠、冰原或者丛林迷宫中精确寻路的例子其实非常多。 见附录 A

因为即便是在海上，也有太阳、星星、风向、洋流、鸟类和海水颜色等线索。没有这些的话，没有辅助的导航寻路是不可能的。只有技术纯熟且经过大量训练的专业人士才能在波利尼西亚群岛间航行，这足以说明这种特殊环境给人带来的困难有多么大。更何况，即便准备得再充分，人们在探险途中也总是免不了担心和焦虑。

有关泽西市的讨论
详见第二章

在我们生活的这片世界，可以说几乎每个人（只要上点心的话）都能学会在泽西市找到路，只不过要费些功夫并且不会有十足的把握。可是，这里完全找不到可读的环境能带来的那些好处：情感上的满足、交流或概念组织的框架、为日常经验带来的新深度。这些是我们缺失的乐趣，虽然我们现在的城市环境也没有乱到让熟悉它的人无法忍受的地步。

必须承认，环境当中一些神秘、错综复杂或意想不到的转换之处确有一定的价值。很多人喜欢镜子迷宫，而且很多人觉得波士顿蜿蜒曲折的街道很有味道。但是，这必须要满足两个条件。首先，不能无从辨别，失去基本的形状，让人迷失方向或者再也走不出去。惊喜必须处在一个整体框架当中，迷惑之处也必须是一个可见的整体当中的小块区域。另外，迷宫或密室本身的形式要让人能进行探索并且迟早可以彻底搞明白。彻底的混乱，没有一丝线索，绝不会让人觉得好玩。

这些观点将在附录 A
中进一步论述

不过，这些顾虑引出了另一个重要条件。观察者本身在感知世界时必须扮演积极的角色，在形成意象过程中要发挥创造性。他应该具有改变意象以适应需求变化的能力。在每个细节上都精确而不可变动的环境可能会抑制新的活动方式。在一处每块石头都有一个故事的风景里，估计很难再创造出新的故事。尽管在我们现在混乱的城市里，这也算不上什么要紧的问题，但是它表明了我们追求的不是一个决定性的、不可变更的秩序，而是开放性的、能够不断发展的秩序。

建立意象

环境意象是观察者和环境之间双向作用的结果。环境展示出特征和关系，而观察者——怀着极强的适应性以及自己的目的——对自己的所见进行筛选、组织并赋予其意义。这样形成的意象反过来限定并强调了所见，同时这个意象本身要在不断的互动过程中由过滤得来的知觉输入加以检验。所以，不同的人对给定现实环境的意象可能天差地别。

意象可以通过多种方式达到协调统一。也许现实对象本身毫无秩序或特点，但是经过长期的接触和熟悉，它在人心中的意象却会产生同一性和组织性。比如说，在别人看来乱七八糟的桌子上，你或许可以很容易地找到自己想找的东西。又比如，有的东西在人们第一眼见到它时就能认出它并有所了解，不是因为人们对它本身熟悉，而是因为它符合了观察者早已形成的模式化意象。一个美国人总能认出街角的药店，而这对非洲土著来说也许是无法分辨的。另外，一个全新的对象，也许会因为有着能表明其模式的特殊物理特征，从而显得结构突出或是具有强烈的个性。所以，来自内陆平原的人初次见到大海或者高山时，即便是因为太年幼或者闭塞无知而不知道该怎么称呼眼前的雄伟景象，他的注意力也会被牢牢吸引住。

作为实体环境的操纵者，城市规划师最感兴趣的是在互动中能够产生环境意象的外在媒介。不同的环境会对意象形成的过程产生抑制或促进作用。不论花瓶或黏土是什么样子，都会有或低或高的可能性让不同的观察者产生强烈的意象。在年龄、性别、文化背景、职业、性格、熟悉程度等方面更加相近的观察者群体当中，这种可能性的高低程度或许能比描述的更精确。每个人都形成并保持着自己心里的意象，但是同一个群体当中的人所形成的意象似乎具有相当高的一致性。正是这些群体意象，体现了很多人的共识，所以让立志于塑造公共环境的规划师最感兴趣。

所以，这项研究将避开心理学家关注的个体差异。我们的第一要务是研究"公共意象"，即城市居民中多数人持有的共同的心理印象：人们对同一物理现实、同样的文化背景和基本的生理特性三者的相互作用过程中可能达成一致的领域。

世界各地使用的辨别方向的系统因为文化背景、地形地貌而各不相同。附录 A 里举了很多例子：抽象和固定的方向系统、运动系统，以及指向人、家或者大海的系统。我们可以围绕一组焦点把世界组织起来，或者将其划分成多个区域并加以命名，或者用人们熟知的道路连接起来。这些方法各不相同，人们选定来划分世界的可能线索似乎是无穷无尽的，它们也与我们在城市里定位的方法相互映衬。我们可以很容易地把城市意象分成这样一些元素类型：道路、地标、边界、节点和区域。而有趣的是，那些例子中的大部分似乎正好呼应着这些元素类型。这些元素将在第三章得到定义和讨论。

结构和特征

环境意象可以分析成三个要素：特征、结构和意义。在人们记忆中它们密不可分，但为了分析而把它们抽象出来是很有用的。一个可用的意象需要首先识别对象，也就是找出它与其他东西相区别的地方，而且要把它认作一个独立的东西。这就叫特征，不是在和其他东西相同的意义上，而是有着个性或唯一性。其次，意象当中必须包含对象与观察者以及其他对象之间的空间或结构关系。最后，这个对象必须对观察者有意义，无论是实践方面的还是情感方面的。意义也是一种关系，但是和空间或结构关系很不一样。

所以，能帮助人找到出口的意象需要：把门识别为一个特殊的对象，认识到门与观察者的空间关系，以及它对人的意义在于能让人出去。这三个方面实际上是不可分割的。视觉上识别出门与它作为一个门的意义是同等重要的。但是，门也可以按照形态特征、位置清晰性来分析，考虑到认识两者要先于门的意义。

这样的分析手法在研究门时可能毫无意义，但是在研究城市环境时却又不一样了。首先，城市中的意义问题非常复杂。关于意义的群体印象在这个层次上不会像关于对象和关系的知觉那么融贯一致。而且，意义不像特征和关系那样容易受到实体操纵的影响。如果我们的目标是建造让众多背景各异的市民获得快乐（并且能适应未来的目标）的城市，那么聚焦意象的物理清晰度并让意义在没有直接引导的前提下自由发展应该是非常明智的做法。

曼哈顿天际线的意象也许象征了活力、力量、堕落、神秘、拥挤、伟大，或者随你怎么想的其他意义，但是不论是哪种，只要有清晰的图画就可以让意义明确和巩固下来。城市对个人的意义如此不同，就算城市的视觉形态能容易地在不同的人之间传播，但是至少在初步分析阶段似乎可以把意义和视觉形态分离开来。所以，我们的研究将主要集中在城市意象的特征和结构上。

如果环境意象要具有定位的价值，就必须具备一些特殊的性质。它必须在实用的意义上足以让人在其所处的环境当中如愿地定位。无论准确与否，这幅心理地图必须要达到能引导人回家的程度。它必须足够清晰并且组织完备，让人不必耗费过多的心力。它应当可靠，要具有充足的线索，能让人做出不同的选择，令人失败的风险不能太高。如果一个急转弯只有一盏闪烁的信号灯作地标，那么灯光熄灭将造成灾难。意象最好是开放性的，能适应变化，能让人进一步调查和组织现实世界；应该为个人的发展留有充足的空间。最后，它应当在一定程度上能传播给其他人。"好"意象的这些标准对不同的人和情况将会有不同的侧重；有人倾向于经济而充分的标准体系，而另一些人则可能偏爱开放和可传播性。

可意象性

因为这里关注的是作为自变量的实体环境，所以我们的研究将寻找与心理意象的特征和结构相关的实体属性。由此可以给"可意象性"下一个定义：对任意一个观察者，物理对象能以大概率让观察者产生强烈意象的性质。是形状、颜色或排列等促进了能够被清晰辨认、结构有力、高效有用的环境意象。所以，可意象性也可以叫作"易读性"，或者强烈的"可见性"，后者是说对象不仅要能被看见，而且应该以清晰而强烈的方式向感官呈现。

半个世纪以前，斯特恩曾讨论过艺术品的这种属性，并称其为显见性（apparency）。[74] 虽然艺术并不限于这一个目的，但他认为艺术品的两个基本功能之一便在于"创造形式清晰而和谐的意象，以满足人们对可以清楚理解的外观的需要"。在他看来，这是表达内在含义不可或缺的第一步。

一个高度可意象（显见、易读或可见）的城市应该是形态优美、特征鲜明而且引人注目的；它应该能让眼睛和耳朵倾注更多注意力和展示更高的参与度。对这种环境的感知不仅能得到简化，而且其广度和深度都能得到提升。人们会逐渐认识到这样的城市是由许多各具特色的部分以清晰的方式组成的，具有连续统一的结构。

知觉敏锐、轻车熟路的观察者能够在吸收新的感觉冲击时不破坏自己原有的基础意象，而且每次新的冲击都会触及许多原有的元素。他能辨明方向、行动自如，而且熟知自己的周边环境。威尼斯或许就是这样一个高度可意象的环境。在美国，人们很可能会想到曼哈顿、旧金山和波士顿的一些地方，或许还有芝加哥的湖滨。

这些是由可意象性的定义引出的界定。可意象性的概念中不一定包含固定的、有限的、准确的、统一的或者秩序井然的东西，虽然它有时也确实具有这些性质。它也并不意味着一眼看透、显而易见、赤裸裸或直白。整个环境的结构是非常复杂的，而显而易见的意象很快就会让人觉得单调乏味，它只能反映生活世界当中很小一部分特征。

研究将主要集中于城市形态的可意象性。优美的环境还具有其他一些基本属性：意义或表现力、感官愉悦、节奏、刺激和选择。我们对可意象性的侧重并没有否定它们的重要性。我们的目的只是考察我们的感官世界中对特征和结构的需要，并且阐明这种属性与复杂多变的城市环境之间的特殊联系。

　　由于意象形成是观察者和被观察对象双向作用的过程，因而可以通过象征符号，通过重新训练感受者或者重塑环境来加强意象。你可以给观察者一份环境构成的示意图、一张地图或者一组文字说明。只要能把现实世界与示意图对应起来，那就说明观察者有办法找出事物之间的关联。你甚至可以装一台指路的机器，纽约最近就装了一台。[49]虽然这样的装置对提供简要的信息很有用，但是它们也不是很可靠，因为如果机器丢了就会让人找不到路，而且它们本身也要关联并符合现实。附录 A 中大脑损伤的例子说明彻底依赖这种手段会让人焦虑，并且徒劳无功。而且，人们会失去相互关联的完整体验以及清晰意象的全部深度。

　　你也可以训练观察者。布朗指出，让被试者蒙着眼睛走出迷宫一开始对他们来说似乎是无法解决的难题。但是经过多次反复，他们就会对迷宫某些部分（特别是出口和入口那块）的结构越来越熟悉，并且会推测位置。最后，他们可以毫不出错地走出迷宫，整个迷宫已经变成一个场所。[8]德席尔瓦说过这样一个例子，一个具有"不假思索的"方向定位能力的男孩，实际上是自婴儿时期便开始接受训练（由左右不分的母亲），对"走廊东侧"或者"梳妆台南端"这样的指令做出反应。[71]

　　希普顿勘测珠峰的记录为我们提供了一个很有戏剧性的案例。从一个新方向往珠峰行进时，希普顿立即发现那正是他在北侧所认识的主峰和鞍部。但是，对珠峰南北两侧都很熟悉的夏尔巴向导却从没发现这一点，并且对此表示惊讶和欣喜。[70]

　　基尔帕特里克描述了把不再符合原有意象的新刺激强加给观察者的知觉学习过程。[41]开始以假说的形式从概念上解释新刺激，但是原有形式的错觉会继续留存。我们大多有亲身经验，在概念上认识到原来的意象已经不适用，但是错误的意象还是会一直保持着。我们盯着丛林看，只能见到阳光照在绿叶上，但是让人警觉的响动会告诉我们那后面藏着一只动物。观察者然后就学会从场景中挑出"不要"的线索并且重新考量之前的信号。隐藏的动物便从他见到的投影里显现出来。经过重复的经验，感觉的整个

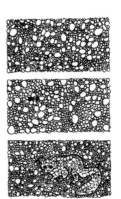

结构都会改变，观察者不再需要搜索无效信息，或者在原有框架中填充新的内容。他已经形成在新场景中能成功运行的意象，看起来自然而正确。如同隐藏的动物突然从树叶中显现出来，暴露在"光天化日"下一般。

同样地，我们必须学会在城市规模庞大的无序蔓延中看到隐藏的形态。我们不习惯对这么大尺度的人造环境进行组织和形成意象，但是我们的活动推着我们朝着那个目标前进。柯特·萨克斯举了一个未能在一定层次上建立联系的例子。[64] 北美印第安人的歌声和鼓点的拍子并不一致，两者是让人独立欣赏的。我们的音乐中类似的例子是教堂礼拜，我们不会考虑让礼拜中的合唱团和钟声同步。

在广阔的大城市区域，我们也不会把合唱和钟声联系起来；就像夏尔巴人那样，我们只看到珠峰的各个侧面而没有看到整个山峰。要扩大和加深我们对环境的知觉，就需要长时间的、生物的、文化的发展，从直接接触的感官到遥远的感觉，然后到符号交流。我们的中心观点是，我们现在能形成对环境的意象，既是对外部物理性状操作的结果，更要通过内在的习得过程。确实，我们的环境如此复杂，逼得我们只能这么做。第四章将讨论这是如何做到的。

原始人被迫通过让知觉适应地形地貌的方式加强自己的环境意象。他可以对环境施加一些细微的变化，比如垒石堆、点起烽火或者在树皮上刻记号，但是要显著提升视觉清晰性或者改善视觉关系，却只能局限于对住房或宗教活动场所进行调整。只有强大的文明才能尝试在大尺度上对整体环境进行改造。有意识地塑造大尺度的实体环境直到最近才成为可能，所以环境的可意象性是个新问题。从技术上讲，我们能在较短的时间内制造出全新的景观，比如说荷兰的围海造田。设计师已经掌握了怎样塑造整体景观，这样人类观察者识别出各个部分并将其组合成整体便非常容易了。[30]

我们正在快速地建造新的功能单元——大城市区域，但是我们还得知道这种单元也应该有对应的意象。苏珊·朗格对建筑的精炼定义中就指出了这个问题："建筑是人为展示出来的总体环境。"[42]

第二章　三城记

　　要理解环境意象在我们的城市生活中所起的作用，我们必须仔细观察一些城市区域并且与城市居民交谈。我们需要阐发、检验可意象性这个概念，也要通过比较内心意象与视觉现实来了解什么样的形式能够让人产生强烈的意象，这样才能为城市设计提出一些基本原则。做这项工作时，我们相信分析现有形式及其对市民的效果是城市设计的基石之一，而且希望能够顺便形成一些现场调查和市民采访的有益方法。像任何一项尝试性研究一样，我们的目的主要是形成想法和方法，而不是对一些事实做出不可变更的、决定性的证明。

　　因此，我们只分析了三个美国城市的中心区域：马萨诸塞州的波士顿、新泽西州的泽西市和加利福尼亚州的洛杉矶。近在眼前的波士顿在美国城市当中特别有个性，它形态生动的同时有很多地方令人难以定位。选泽西市是因为它乍看起来毫无形态，似乎可印象程度相当低。而洛杉矶是座新城市，尺度完全不一样，核心区有着网格式的规划。每座城市选取中心区大约 2.4×4 千米的区域作研究，并且进行以下两项分析：

　　1. 由受过培训的观察者对研究区域徒步进行系统的实地调查，在地图上画出各种要素，以及它们的可见度，意象强弱，相互之间的连接、断开和其他联系，并且指出潜在的意象结构中是否有特别的成功或困难之处。这些都是根据实地直接观察各种要素得

详见附录 B

出的主观判断。

2. 对少量市民进行详细的访谈，唤起他们对所处的实体环境的意象。访谈包括请求被采访对象进行描述、指出位置、画草图，以及开展想象的旅程。被采访对象是在这一区域住了很久的居民或者在这里上班的人，其住宅或工作场所分布在该区域的不同地点。

我们这样在波士顿采访了 30 多个人，泽西市和洛杉矶各 15 人。在波士顿，我们在上述基本分析的基础上还增加了认照片的测试、实地游走、向路人询问方向等。此外，还对波士顿街景中的一些特殊要素进行了详细的调查。

所有这些方法在附录 B 当中都有描述和评估。这些样本规模不大，而且偏向于专业技术和管理阶层人士，很难说我们获得了真正的"公共意象"。但是，我们获取的素材很有启发性，具有足够的内在统一性，能说明群体意象确实存在，而且（至少部分地）能够用这些方法揭示出来。（受过培训的观察者）独立的实地分析可以非常准确地预测由访谈（居民）得出的群体意象，从而也表明了物理形式本身的作用。

毫无疑问，旅游路线或者工作场所的交会集中会让很多人看到同样的元素，从而容易产生同样的群体意象。以非视觉来源为基础产生的身份或历史的联系就会让意象进一步趋同。

而不可置疑的一点是，环境本身的形态在塑造意象中起着巨大的作用。描述、生动程度，甚至因为有所了解而熟悉并从而产生混淆，都更清楚地说明了这一点。我们兴趣的焦点正是意象和实体形态之间的关系。

三个城市的可意象性似乎有突出的差异，尽管被采访者都已经对自己生活的环境做出了有效的适应。某些特征——开放空间、植被、道路上的运动感、视觉对比度——似乎在城市景观中特别重要。

本书余下的主要内容都是从群体意象和视觉实际对比得到的结果以及由此引发的猜测引出的。可想象性以及元素类型的概念

（将在第三章讨论）主要产生于对这些素材的分析，或是因其得到重新定义并以此为出发点得到展开。虽然对这些方法本身的优劣要留到附录 B 才讨论，但是知道本书的基础所在是十分重要的。

波士顿

我们在波士顿选取的研究区域是马萨诸塞大街以内的中央半岛。这里与普通美国城市的不同之处在于其年代久远，富有历史底蕴以及欧洲风情。其中包括大都市区的商业核心区和一些高密度住宅区（囊括了从棚户区到高级住宅的各种类型）。图 1 是这片区域的总体鸟瞰图，图 2 是一张线描图，图 3 是从实地调查得到的主要视觉元素示意图。

几乎每个受访者都觉得波士顿这个城市的各个区都很有特色，

图 1
图 2，见 23 页
图 3，见 24 页

图 1　波士顿研究区域鸟瞰图

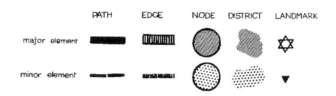

而且道路曲折，容易让人糊涂。这个城市满是红砖建筑，最具标志性的是波士顿公园的开放空间、金顶的马萨诸塞州议会大厦，以及从剑桥一侧隔着查尔斯河遥望的景色。很多人还提到这是一个古老、有历史的地方，到处都是老旧建筑，但是在老房子当中又有很多新建筑。狭窄的街道充塞了人和车辆；这里没有停车的空间，但是宽阔的主街和狭窄的小道区别明显。城市中心位于半岛上，周围以水为界。除了波士顿公园、查尔斯河、州议会大厦，还有很多生动的元素，特别是灯塔山、联邦大街、华盛顿街的购物剧院区、科普利广场、后湾区、路易斯堡广场、北角区、市场区以及码头旁边的大西洋大街。相当一部分受访者还指出波士顿的一些其他特点：缺少开放空间或休闲空间；这是一个"有个性的"、狭小或中等尺度的城市；有大片多功能区域；凸窗、铁栏杆和褐石立面成为其标志性特征。

图 4，见 24 页

　　受访者最喜欢的景观是有水和广阔空间的全景。他们说到隔查尔斯河相望的风景，而且提到了平克尼街的滨江景观，从布莱顿的山上俯瞰到的街景，以及从港口遥望波士顿的全景，等等。此外，他们还特别喜欢这个城市处于少有的兴奋状态时的灯光，不论远近。

　　几乎所有受访者都很了解波士顿的结构。查尔斯河与其上面的桥梁构成了一条清晰的边界，它与后湾区的主要街道——特别是灯塔街和联邦大街——相平行。这些街道自马萨诸塞大街（与

图 5，见 25 页

查尔斯河垂直）开始，向波士顿公园和公共花园延伸。这组街道下来是科普利广场，亨廷顿大街从其中穿行而过。

　　波士顿公园下方是特莱蒙街和华盛顿街，两者相互平行并且有多条小街道将二者串联起来。特莱蒙街一直延伸到斯克利广场，

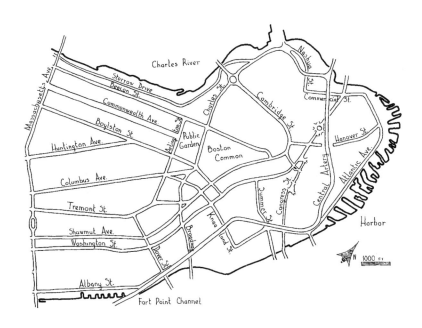

图 2 波士顿研究区域线描图

剑桥街从两者的交点开始，绕回去与查尔斯街环岛相交，而这个
环岛又将街道与查尔斯河连接起来。这样一来，这些街道将灯塔
山围在中间。距离查尔斯河更远一点的地方，还有一条鲜明的临
水边界——大西洋大街和港口码头。这条边界与这块区域的其他
部分联系较弱。尽管很多受访者都有波士顿是个半岛的认识，但
是他们很难在视觉上把河与港口联系起来。波士顿似乎成为"只
有一条边的"城市，当人们远离查尔斯河时就会失去准确性和满
足感。

　　假设我们的样本具有代表性，那么每个波士顿人都能告诉你
上面说的这些波士顿的情况。同样，他们也无法描述其他一些内
容，比如后湾区和南角区中间的矩形区域、北站南边的无人区域、
博伊尔斯顿街是怎么与特莱蒙街交会的，或者金融区的道路是如
何分布的。

　　这里最有趣的区域是似乎并不在这里的后湾区和南角区之间
的三角区域。在任何一个受访者（甚至是那些在这里出生、长大

图 35，见 137 页

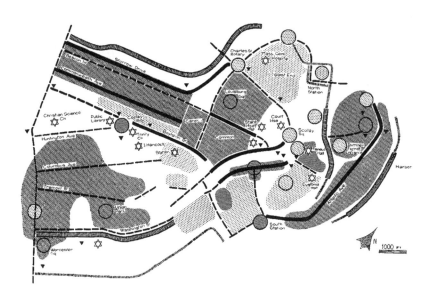

图 3   波士顿研究区域主要视觉元素示意图

的人）的意象中，那里都是一块空白区域。可是这个区域也包含
着人们熟知的亨廷顿大街，以及基督教科学派教堂这样的地标建
筑，但是这些元素所在的街道网络却在地图上悄无踪影而且寂寂
无名。这块三角地带神秘消失的原因或许是周围铁路造成的隔绝，
以及人们误以为后湾区和南角区主街道相互平行从而把它从认知
中排除出去。

图 4   从查尔斯河对岸看波士顿

另外，在很多受访者的意象中，波士顿公园加上灯塔山、查尔斯河和联邦大街，构成这座城市的中心。在穿城而过时，人们经常会改变方向，途经这些地方。人们绝对不会把波士顿公园认错，因为那是一大片绿化的开放空间，旁边紧靠着波士顿最热闹的城区。独特的地理位置使得它的一面紧邻三个重要区域，即灯塔山、后湾区和市中心商业区，从而每个人都能以它为中心去认识周边的环境。此外，它本身也极富变化，其中囊括地铁广场、喷泉、青蛙池、露天演奏台、公墓、"天鹅池"等等。

图 6，见 26 页

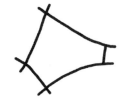

与此同时，这个开放空间形状非常奇特，让人很难记住：一个直角五边形。另外，由于它太大了而且树木茂盛，让人难以总览全部边界，所以人们想从它中间穿过时总会感到迷茫。由于公园周围的博伊尔斯顿街和特莱蒙街就全城看来都有重要意义，所以这个困难比较复杂。它们在这边垂直相交，而在远处却又互相平行——二者都与马萨诸塞大街垂直相交。另外，中心商业区在博伊尔斯顿街和特莱蒙街的这个十字路口拐了一个别扭的直角弯，商业活动逐渐弱化，然后又在博伊尔斯顿街稍远些的地方重新活跃起来。所有这些因素一综合，导致这个城市核心区的形状特别模糊，对于辨别方向来说是个极大的缺陷。

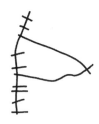

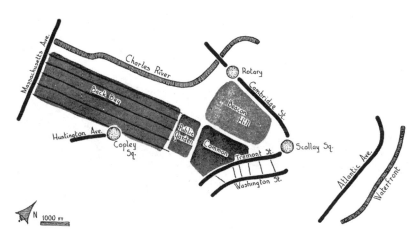

图 5　人所共知的波士顿

波士顿各个区的特色很鲜明，在中心城区的很多地方只要看周围的大体特征，人们就能知道自己在哪里。有这样一块地方，各具特色的各个区正好在那里无缝衔接：后湾区—波士顿公园—灯塔山—中心商业区一线。位置在这里并不是问题。可是，主题的鲜明往往伴随着形态不明或者令人混淆的布局。如果波士顿各区不仅特色鲜明而且结构清晰，那么它们就会得到大大加强。顺便说一下，波士顿的这一缺陷使得它与美国大部分城市都不一样，那些城市的各个区域具有形态上的秩序却毫无特色。

尽管各个区的意象清晰而生动，但波士顿的道路系统却一片混乱。然而，因为道路的交通功能实在太重要了，所以它们在总体意象中仍然占据主导地位，其他两个城市也是如此。波士顿的道路没有基本的秩序，仅有的秩序体现在：历史上形成了从半岛边缘向内辐射的主街道占据主导地位的格局。沿马萨诸塞大街由东西向穿过中心城区，要远比走直角顺畅。从这个意义上来说，人们心中假想的各种出行路线能反映出道路系统在人们心里有所变形，而这种变形构成波士顿的一种纹理。尽管如此，波士顿的道路结构依旧十分混乱，其中的复杂情况为第三章系统讨论道路提

图 6   波士顿公园

图 7　中央干道

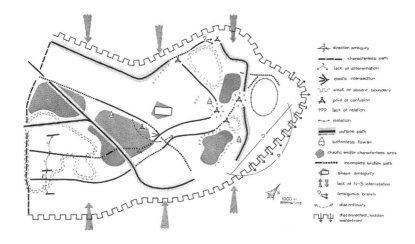

图 8　波士顿意象中的问题

供了许多素材。困难是由前面提到过的"平行的"博伊尔斯顿街
和特莱蒙街之间的直角十字路口造成的。后湾区规规矩矩的街道
网格，在许多城市里司空见惯，却因为与波士顿道路系统的其余
部分形成鲜明对比而在这里成为特色。

斯托罗快车道和中央干道两条高速路穿过市中心。人们对二者的认知模棱两可，既可以将其看作阻碍老街道通行的障碍，也可以看成驱车行驶的道路。这两种认知让这两条路具有截然不同的面貌：在道路下方看时，中央干道像一堵涂成绿色的高墙，断断续续的，时隐时现；作为一条道路，它起起伏伏，弯弯曲曲，装饰着许多标志牌。奇怪的是，两条路都感觉在城市"外面"，几乎与这座城市毫无瓜葛，尽管它们贯穿整个波士顿，并且每座立交桥都有令人眼花缭乱的匝道将它们与城里的其他道路衔接起来。不过，斯托罗快车道显然与查尔斯河有所联系，从而与城市的总体格局也联系起来。另外，中央干道却以莫名其妙的路线贯穿市中心，将汉诺威街拦住，阻断了其与北角区在方向上的连接。此外，人们还常常把它与考斯威街—商业街—大西洋大街一线混淆，尽管两条路区别很大，但二者都可以看作斯托罗快车道的延伸。

图7，见27页

按照典型的波士顿风格，道路系统的个别部分可能具有突出的特色。但是，这个很不合常理的道路体系却是由分散的元素所构成的，那些元素只是个别之间有联系甚至完全独立、毫无关联。很难描绘或者形成整个道路体系的意象。一般只能聚焦那一连串的连接点。这些连接点或节点因此在波士顿非常重要，像"公园广场区"这种平淡无奇的区域会以结构焦点的路口来命名。

图8，见27页

图8概括了对波士顿意象的分析，可以看成规划设计的起步准备工作。它用图形表示了波士顿城市意象当中可能出现的主要问题：混乱、游移不定的点、模糊的边界、孤立、中断、模棱两可、分叉、缺少特征或者区分度等等。如果再加上意象的强度和潜在可能性，这张图就相当于小尺度规划的场地分析阶段。就像场地分析一样，它并不能决定规划，但它却是做出创造性决策的背景。因为做出这些决策所依据的分析更为全面，所以它当然比先前的示意图更能让人理解。

泽西市

　　新泽西州的泽西市，位于纽瓦克和纽约之间，是两个城市的　　　　图9
边缘地带，那里并没有什么居于核心地位的活动。铁轨和高架道
路纵横交错，这里看起来就像一个路过而非居住的地方。它按照
族裔和阶层划分了许多社区。城市边缘被岩壁切断。曾经天然的
购物中心被高地上人工建造的日报广场给压制了，结果使得这座
城市没有统一的中心，而是有四五个中心。除了美国城市里常见
的不规整的空间形态和混杂的结构外，这里还有毫不协调的街道
系统，使得这个城市一片混乱。这里的单调、污垢和臭气一上来
就让人受不了。这当然是外来者第一眼肤浅的看法。看看在这里
住了很多年的人对这个城市有什么样的意象应该还挺有趣的。

　　我们沿用波士顿示意图中的比例尺和符号来描绘由实地调查　　图10，见30页
得到的泽西市的视觉结构。这个城市的形状和结构其实比外来者

图9　从南部看泽西市

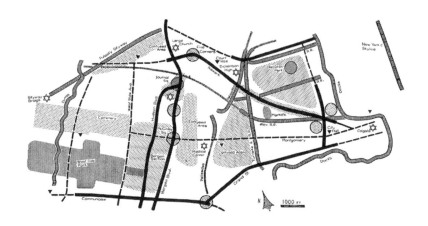

图 10 实地调查的泽西市视觉结构

所认为的要丰富，既然它能住人的话理应如此。但是与同样大小的波士顿相比，这里能被识别的元素要少得多。这片区域很多地方都被难以逾越的边界隔得支离破碎。这个结构中的主要元素包括：日报广场、两个主要的购物中心之一以及贯穿其中的哈德逊大道。哈德逊大道向下是"卑尔根区"和重要的西边公园。往东是纽瓦克路、蒙哥马利路和康米尼波路—格兰德路三条街道，它们跨过岩壁并在低地区汇合。岩壁上是医疗中心。所有这些都延伸到哈德逊河水陆运输码头区的栅栏处，然后忽然终止。除了坡下的一两条街之外，这些就是大部分受访者所熟悉的泽西市的主要结构。

　　如果把泽西市市民公认的有特色的元素拿来与波士顿的示意图相比较，一眼就能看出泽西市没什么特别之处。泽西市的地图几乎是空白的。日报广场很突出，因为那里有密集的购物和娱乐活动，但是杂乱无章的交通和空间令人迷惑和不安。哈德逊大道

图 37 或图 41，
见 137 页或 139 页

图 11，见 31 页

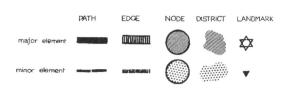

图 11 日报广场

图 12 新泽西医疗中心

足以与日报广场相媲美,这座城市唯一的大型公园——西边公园 图 12
次之。受访者多次提到这个公园是一个特色鲜明的区域,是整个
结构当中唯一让人放松的地方。"卑尔根区"主要作为一个"上层
阶级"的区域而被区分出来。新泽西医疗中心通体纯白,高高耸

立在岩壁的边缘，像一位随意驻足的巨人，十分引人注意。

　　除了远处令人敬畏的纽约天际线之外，人们公认的具有特色的元素便只有这些了。其他图加入了实际意义重大的元素和一些交通要道（主要是交通繁忙、连贯性的街道在泽西市比较少见），充实了泽西市的意象。这座城市缺少让人容易辨认的区域和地标，而且没有众所周知的中心或节点。但是，这个城市最有标志性的就是几条突出的边界或者能产生隔绝作用的界线：头顶上的铁路和高架公路、岩壁和两条河岸。

　　在研究单独的草图和访谈时，我们发现，尽管他们在这里住了很多年，但是没有一个受访者对整座城市有一个全面的整体的意象。画出来的地图往往都是片段式的，留出大片的空白，而且主要关注的是自己家附近的小块区域。河边陡岸是非常强的隔绝元素。画出来的地图往往突出坡上而弱化坡下，或者反过来。上下之间只有一两条象征性的道路连接。坡下的低地往往都画得不清不楚。

　　让受访者概括这座城市的总体特征时，他们说得最多的一句话就是，它不是一个整体，它没有中心，而是由很多个小村落组成的。"听到'泽西市'最先让你想到什么？"这个问题波士顿人很好回答，但是对泽西市市民却很难。受访者反复说到心里想到的是"没什么特别的"，这个城市很难概括，各个部分的区别并不鲜明。有位女士说：

　　　　这对泽西市来说真是件遗憾的事。我很难对一个从很远的地方过来的人说："噢，我想带你看看这个，多漂亮啊！"

　　对于象征问题，通常的回答是这个城市完全没有，除了隔河相望的纽约天际线。对泽西市最突出的感觉就是，它是其他地方的边缘地带。有个人说，在他心里面泽西市有两个地标：一边是纽约的天际线，另一边是纽瓦克的普拉斯基高架桥。还有人强调这里感觉四面都是屏障：要出泽西市，要么得走哈德逊河底隧道，要么得经过令人晕头转向的托内勒环岛。

如果能重建泽西市，这里的位置和地形应该是最有戏剧性、图 13，见 34 页
最令人印象深刻的。而这里的整体环境却总是被人说"陈旧""脏
乱""单调"。人们总说这里的街道很"致郁"。这些访谈中值得注
意的一点是其中关于环境的信息非常少，对城市意象的描述大多
是概念性的，而不是讲具体感觉的。而且他们在描述中特别爱提
到街道名称和用途，而非视觉意象。比如下面这一段对熟悉区域
的行程描述：

> 穿过马路，有一座朝上走的桥；走到桥下，你面前便是一
> 号街，那里有家皮革包装公司；沿着这条路往前，第二个路口
> 处能看到两边都是银行。再下一个路口，右手边是紧挨着的
> 一家收音机店和五金店；而左边，在过马路之前，能看到一家
> 杂货店和一家干洗店。你可以接着走到七号街，这条街上迎
> 面的左边有一间酒吧，右边是一个菜市场；路的右侧有家酒类
> 商店，左侧是一家杂货店。下来是六号街，那条街什么地标
> 都没有，这时你又到了铁路桥下。穿过铁路桥，下面这条便
> 是五号街。你的右边是一家酒吧；马路对面的右边有家新开
> 的加油站，而左边有家酒吧。四号街——当你来到四号街的
> 右边路口，那里有一块空地；空地旁边是一家酒吧；路的右边，
> 你将迎面看到一个肉类批发处，而从那往左是间玻璃店。接
> 下来是三号街。来到三号街上，你能看到右边有家药店，对
> 面右边是家威士忌店；左边是一家杂货店，而马路对面的左边
> 是一家酒吧。再下来是二号街，左边有家杂货店，对面的左
> 边有家酒吧；你的右边，在过马路之前，有个卖日用品的地方。
> 然后便是一号街，那里有间肉食铺，左边有家鲜肉市场，那对
> 面是曾用作停车场的空地，你的右边有家服装店和糖果店……

这段描述中，我们通篇只能找到一两个视觉意象：一座"朝上
走"的桥和一座铁路桥。在到达汉密尔顿公园时，这位受访者好

像开始看到自己所处的整体环境，然后别人突然就能通过她的眼睛一睹栅栏围住的露天广场、广场中心的圆形演奏台以及周围的长凳。

很多人都说这里的实体景观让人难以分辨：

> 到处都差不多……我觉得普普通通的。我的意思是，我在街上转来转去，发现到处都一样——纽瓦克大街、杰克逊大街、卑尔根大街。我想说，有时候很难决定自己想去哪条街，因为它们都差不多，根本没什么区别。

> 到了那里之后，你怎么知道自己就在费尔维尤大街呢？通过路牌。在这个城市要认出任何一条街都只能通过这种办法。因为所有的街道都看不出什么区别，只是路口有栋公寓楼，仅此而已。

> 我觉得我们总能找到路。车到山前必有路。有时候会搞错，会费些时间，但是你最终总是能到达目的地的。

图 13　泽西市的一条街

在这个相对来说没有区分度的环境里，依赖的不只是功能—
位置，还有功能的梯度或者结构修复的进度。路标、日报广场上
的大广告牌、工厂都属于地标。任何一个有景观绿化的开放空间，
比如汉密尔顿公园或者范福斯特公园，或者西边公园，都应该珍
惜。有两个地方，人们在十字路口用小块的三角形草地充当地标。
还有位女士说会在周日开车去一个小公园，她就坐在车里静静看
公园的景色。医疗中心前面那一小块绿地和这里的大体块以及天
际线共同构成了重要的识别特征。

泽西市环境较低的可意象性反映在久居于此的市民所持有的
意象中，也表现在他们的不满、难辨方位、无法描述和区别各个
部分。但是，就算是这样一个看起来混乱的环境，事实上也有着
一定的规律可循。人们只要注意到那些细微的线索，并把注意力
从外观转移到其他方面，就能抓住并详细地表述这种规律。

洛杉矶

洛杉矶地区，位于一个巨大都市区域的核心地带，展现的是
一幅与众不同的图景，特别是与波士顿截然不同。这片区域虽然
在大小上和波士顿、泽西市差不多，但这里包含的不仅仅是中心
商务区及其边缘地带。受访者对这一代比较熟悉，不是因为在这
里居住，而是因为他们在市中心的办公楼或商场工作。图 14 表示 图 14，见 36 页
的是以通常的方法实地调查的结果。

作为大都市区的核心，洛杉矶市中心充满了意义和活动，有
很多高大而突出的建筑，而且有着这样的基本格局：几乎整齐划
一的街道网格。但是，很多因素使得它形成与波士顿不太一样而
且不如波士顿那么清晰鲜明的意象。首先是大都市区的去中心化，
中心区仍然是形式上的"市中心"，但是人们用来作为核心的地方
还有好多个。这块中心区有密集的商业，但是这里并不是最好的，
而且很多市民甚至一两年内都没进过市中心。其次，网格本身是

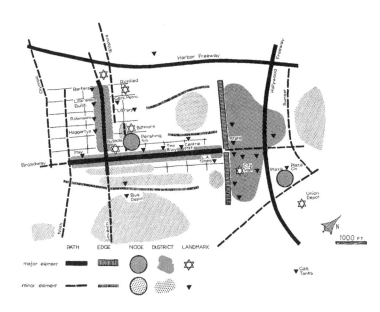

图 14　实地调查的洛杉矶

没有区分度的，人们不能很有把握地标出各种元素的位置。而且，主要的活动会向其他地方扩散而且一直在变，所以重要性也会越来越弱。频繁的改造阻碍了通过历史过程积累特征。尽管（有时就是因为）常常想方设法地搞得花里胡哨，但那些元素本身却千篇一律、毫无个性。虽然如此，我们眼前的并非是另一个混乱的泽西市，而是一个大都市中活跃而生态有序的中心区。

图 15，见 37 页　　　　　附上的航拍照片可以让我们对这里有个基本意象。如果没有特别注意植物种类或远处的背景，很难把这里与其他美国城市的中心区别开。同样是高高耸立的办公楼，同样是无所不在的车道和停车场，人们描绘出的意象地图却要比泽西市的意象地图有着更丰富的内容。

　　这个意象的关键构造就是潘兴广场这个节点，它位于百老汇街和第七街围成的 L 形夹角地带。这些全都处于道路网格体系当中。百老汇大街的远端是市政中心区，从那里再过去是人们深情所系的奥维拉广场街这个节点。百老汇街紧靠着斯普林街金融区，再过去是贫民区（主街）。好莱坞和海港快速路可看作限定 L 形夹

图 15 从西部看洛杉矶

角地带的两边。总体意象里最突出的就是主街或洛杉矶大街以东、第七街以南是一片空白,除了重复的网格继续延伸之外。中心区处在一个真空地带。L 形夹角地带的中心周围零散地分布着令人印象深刻的地标,其中主要有:斯塔特勒酒店、彼特莫勒酒店、里奇菲尔德大厦、公共图书馆、罗宾逊和公牛百货、联邦储蓄大楼、爱乐乐团音乐厅、市政厅和联合车站。但是受访者只提到两个地标的具体细节:丑陋的黑色和金色相间的里奇菲尔德大厦,以及市政厅的金字塔状屋顶。 图 43,见 140 页

　　市政中心区之外的其他地方,可识别区域不是比较小就是呈条状,都被道路边界所限制(比如第七街和百老汇街的商业区,第六街上的运输区,斯普林街的金融区,主街上的贫民区),或者相对较弱:邦克山、小东京。市政中心的意象是最强的,因为其突出的功能、大小、空间开放性、新建筑以及明确的边界。很少有人会忽略它。邦克山的意象没那么强,虽然它有着历史内涵,却有一小部分人觉得它"不在市中心"。确实,这个核心地带是怎么突破这个地形结构,成功把自己从视觉上掩盖住的,这一点令人惊讶。 图 16,见 38 页

图 16   市中心区

图 17，见 39 页

潘兴广场在所有元素中是意象最突出的：它是位于市中心的一片具有异国风情的开放空间，而且户外政治论坛、集会营地和老人休息场所等功能性空间进一步加强了它的意象。连同奥维拉广场街（其中有另一个开放空间）一道，潘兴广场是受访者描述得最清晰的元素：不染纤尘的中央草坪，草坪周围是香蕉树，然后是石墙边整齐地坐着的一圈老人，再然后是繁忙的街道，最后是鳞次栉比的大楼。虽然景色不错，但是并不总是让人愉快。有的受访者担心这里被古怪的老人占着；更多的人回应说，老人们围在石墙边上，让人难以进入草坪。人们还提到这里原来的样子，令现在的景象相形见绌：那里曾是一片小树林，中间散布着长凳和人行道。人们讨厌这块草坪不只是因为人们难以进入其中，更是因为它不像普通人行道那样能让人直接穿行过去。尽管如此，这里的意象仍然非常具有辨识度，而且旁边彼特莫勒酒店的红褐色体块成为一个突出的地标，让人很容易找到这个广场。

图 17 潘兴广场

　　尽管在城市意象中居于重要地位，潘兴广场还是有点游移不定。它离两条重要街道（第七街和百老汇街）就一个街区，很多人不太能确定它的准确位置，只是知道个大概方位。受访者在穿过一条条小巷时总是想找条小路到达那里。这大概是因为它偏离中心位置，而且人们总是容易混淆各条街道。

　　或许只有百老汇街是唯一不会被人搞错的街道。它是原来的图 18，见 40 页主街道，聚集了市中心最大的商业区，行道上拥挤的行人、连绵的商业区、电影院门前的遮檐和电车（别的街上只有公共汽车）都是这条街的特色之处。虽然被人认为是核心（如果真的有的话），但百老汇街并不是多数中产者的购物目的地。因为路上多是少数族裔和低收入人群，那些人就住在中心区周围。受访者认为这个带状核心比较另类，纷纷表现出不同程度的回避、好奇或不安。在他们的意象中，百老汇街上的人和第七街上的人有鲜明的地位上的区别。在他们看来，第七街即便不是精英阶层的商业街，至少也是中产阶层的商业街。

图 18   百老汇街

　　大体来说，这里用数字编号命名的街道很难区分，除了第六街、第七街和第一街。这种混淆现象在受访者中非常显著。此外，以名字命名的纵向街道也不太好区别。很多"南北向"街道，特别是富劳尔街、厚普街、格兰德街和奥利弗街都通往邦克山，就像用数字编号命名的街道那样容易让人搞混。

　　虽然会混淆不同的街道，但是很少有受访者会走错方向。街尾远景（比如第七街的斯塔特勒酒店、厚普街的图书馆、格兰德街的邦克山）、街道两边功能和行人多少的区别（比如百老汇街）足以让行人辨别方向。实际上，尽管中心区的街道网格非常规整，但是每条街道在视觉上都是闭合的，形成原因包括地形、高速公路或者网格本身不规则等。

图 19，见 41 页　　穿过好莱坞高速路，奥维拉广场街的中心节点是让人意象最强烈的元素。人们非常清楚地描述了它的形状、树木、长凳、行人、地砖、"鹅卵石"街道（其实是砖铺的）、狭窄的空间、出售的货物以及绝不会弄错的蜡烛和糖果的气味。这一小块地方不仅

图 19 奥维拉广场和奥维拉街的入口

仅外观上很有特点，而且是这座城市真正的历史发祥地，让人们产生了强烈的情感联系。

但是，穿过这片区域之后，受访者就很难在联合车站与市政中心之间找到路。他们感觉街道网格消失了，搞不清楚自己熟知的街道是从哪里穿入这片奇形怪状的区域的。阿拉梅达街向左偏离，没有和南北向街道保持平行。市区大规模的拆除似乎抹去了原有的街道网格，却没有建立新的来代替。高速公路成了一道下陷的屏障。从联合车站走到斯塔特勒酒店的过程中，受访者看到第一街时心里的释然几乎能用耳朵听到。图 20，见 42 页

让他们描述或形容整个城市时，受访者用到一些标准词汇："展开""宽敞""形态不定""没有中心"。洛杉矶似乎很难从整体上想象或形成概念。一般人们的意象就是无尽的延伸（在住宅区附近或许能给人带来愉快的空间感），或者令人筋疲力尽和难以辨别方向。有一个受访者说："就好像你去一个地方，路上花了很长时间，可是你最后到那儿时却发现那里什么都没有。"

图 20　好莱坞高速公路

　　不过有证据表明，分辨各个区域并不困难。在这里住了很久的居民用来辨别方向的工具包括：大海、山丘；像圣费尔南多那样的山谷地区；像比弗利山那样的大开发区；主要的高速公路和林荫大道网络；最后还有遍布整个大都市区的层次分明的时代变化，体现在适应各个时代发展的建筑状态、风格和类型。

　　但是，这个大尺度以下的结构和特征似乎就很难辨认了。没有中等大小的区域，道路十分混乱。人们一走出习惯了的路线就会迷路，要严重依赖路牌。在最小的尺度上，偶尔有些特征和意义很鲜明的小地方：山间小屋、海滨别墅或者植被与众不同的地方。但是这些不是到处都有的，结构上重要的中间环节、中等规模地区的可意向性往往比较弱。

　　几乎在所有的访谈中都可以发现，受访者对上班行程的描述中，意象的生动性从家到市中心逐渐降低。在家附近，受访者会比较详细地说到坡道和拐弯、植被和人，这体现了日常的兴趣和快乐。而靠近市中心，意象逐渐暗淡，变得更抽象和概念化。洛杉矶市中心区，就像泽西市那样，基本上是一堆功能区和店面的集合。毫无疑问，这在一定程度上是由主干道上不断增加的交通压力导致的，但是在下车走了很久之后依然如此。显然，视觉素材本身也比较单调。或许，越来越严重的烟雾污染也起了一定的作用。

顺便说一下，受访者多次提到烟尘和雾霾是城市居住者的痛苦之源。它们把环境颜色变淡，使环境的整个色调都发白、发黄或者发灰。几个开车进城的人说，他们每天都要看看远处高楼（比如里奇菲尔德或市政厅）的能见度，以确定烟尘污染情况。

汽车交通和公路系统是这些访谈的主要话题。因为这是大家每天的经历，每天的"斗争"——有时候令人兴奋，但通常都令人紧张而疲惫。关于行程的细节，他们都会提到红绿灯、路牌、图20，见42页路口和拐弯的问题。在高速公路上，必须提前做出决定，因为要不断变道，就像乘船驶入急流一样兴奋和紧张，但同时也一样要"保持头脑清醒"。很多受访者都说第一次开到一条新路上时会感到担心。他们反复说到立交桥，驶过立体交叉道时的乐趣，下滑、转向、爬坡时的动感。对有的人来说，开车是一个有挑战性的高速游戏。

在这些快车道上，人们会对大的地形形成一定的认识。有位受访者说，自己每天早晨都要翻一座大山，那座山标志着她行程的中点，并且她还画出了山的形状。另一位受访者因为新开通的路而注意到城市规模扩大，这彻底改变了他对各种元素之间关系的认识。还有人提到，在高架高速公路上短暂的开阔视野带来的愉悦，还有在逼仄的路堤之间行驶的单调感。另外，像在波士顿一样，这些开车的人都很难把高速公路和城市结构的其他部分联系起来。从高速公路匝道下来时，人们往往会有短暂的迷失方向的感觉。

另一个常提到的内容就是相对年代。也许因为环境大部分都是新的或在不断变化，所以人们普遍对剧变后保存下来的任何东西都有种（甚至病态的）依恋。所以，小小的奥维拉广场街，甚至邦克山上衰败的酒店，都得到许多受访者的关注。从这些采访中我们发现，这里的人对老东西的怀念，甚至比保守的波士顿人还要深。

洛杉矶和泽西市的人都很喜欢花草树木，那确实也是很多居住区的荣光所在。从家出发去上班，这段路的开始阶段是一幅花木繁茂的生动景象。即使是高速移动中的司机们也能欣赏到这些细节。

但是，这些并不适用于我们直接研究的区域。洛杉矶中心区和观感混乱的泽西市相去甚远，这里有着数量相当多的地标建筑。但是，这里不仅有概念化的、毫无区分的道路网格，而且很难从整体上去组织或把握它。它没有特别鲜明的总体性的符号。最鲜明的意象——百老汇街和潘兴广场，至少对中产阶层的受访者来说，它们是非常格格不入甚至危险的。没有谁觉得这两条街令人舒服。那个疏于打理的小广场，以第七街上半部分的地标为标志的商业或娱乐场所，是那里仅有的被人喜欢的元素。一个受访者说，一头的老广场和另一头新修的威尔希尔大道是这里仅有的两个有特征的地方，它们足以代表洛杉矶。这样的洛杉矶意象似乎特别缺乏波士顿市中心那种可识别的特征、稳定性以及令人愉快的内涵。

共同话题

比较三个城市（如果我们确实能在这些小样本研究中有所发现的话），我们发现，就像预料的那样，人们会适应自己所处的环境，并且从周围触手可及的材料中抽取出环境的结构和特征。描绘城市意象中使用的元素类型，以及可以加强或削弱意象的性质，似乎在三个城市都差不多，尽管各种元素的比重在每个城市都会因为实际形态的差异而不同。但是，与此同时，人们辨别方向的难易和对环境的满意程度在这三个实体环境中有着显著差异。

此外，我们的测试也说明了空间和视野的宽广是很重要的。

查尔斯河岸在波士顿占据着主导景观的地位，那是因为它为从这一侧进入波士顿的人提供了广阔的景观。众多城市元素之间的关系一目了然，单个元素相对于整体环境的位置也十分清楚。洛杉矶的市政中心因为空间开放而被人注意，泽西市的受访者在走下岩壁望向曼哈顿的天际线时才对眼前的景象有所关注。图 4，见 24 页

人们多次提到，宽广的视野可以让人心情愉快。那么，在我们的城市里是否可能把这种稀缺的全景景观体验变成成千上万的路人习以为常的体验？宽广的视野有时候会把混乱的地方暴露出来，或者呈现出毫无特征的孤立，而精心打理的全景景观则会成为城市美景的重要组成部分。

即使未经加工的、形状不规则的空间也能引人注意，尽管不一定让人感到舒服。很多人都说波士顿杜威广场上清理挖掘的景象十分引人注目。这无疑与其他地方密集的城市空间形成鲜明对比。但是，当这块空间的形态确定之后，就像查尔斯河沿线或者在联邦大街上那样，潘兴广场、路易斯堡广场或者科普利广场的视觉冲击就更强烈了：这个特征会变得令人难忘。要是波士顿的斯克利广场或泽西市的日报广场能有与其功能地位相称的空间特征，那它们就会真的变成各自城市的关键特征。

城市的景观特征——植被或水体是人们特别乐于关注的。泽西市的受访者很敏感地发现周围环境当中有几片绿洲，洛杉矶的受访者常常停下来对当地植被中的外来品种大说特说。很多人提到自己每天上班路上故意绕路去看特别的植物、公园或者水体。下面节选了一段在洛杉矶并不算奇怪的行程：

> 穿过日落大道，经过一个小公园——我不知道它叫什么名字，但是非常漂亮——噢！蓝花楹正含苞待放。上个街区有栋房子前也种着它。沿坎宁街往前，那里有各种棕榈树，高矮不一；再往前又到了公园那里。

与汽车密不可分的洛杉矶成为最生动的实例，体现出城市对

道路系统的反应，比如道路的组织方式，道路与其他城市元素的关系，道路系统内部的空间、视野和运动特征。但是，道路在视觉中的主导地位以及对人们体验的重要影响（由于大多数人感受环境都要通过道路网络），也在波士顿和泽西市取得的素材中得到了充分的证明。

人们总是提到社会—经济阶层：洛杉矶百老汇街对"下层阶级"的回避，泽西市卑尔根区对"上层阶级"的认可，或者波士顿灯塔山截然分明的两侧。

我们从访谈中还得到人们的另一种普遍看法：实体景观是如何代表时间流逝的。在波士顿的访谈里有很多时代反差："新"的干道贯穿"老"的市场区，阿克街的老建筑中有栋新建的天主教堂，陈旧的（暗淡的、满是装饰的、低矮的）三一教堂映衬着崭新的（明亮的、简洁的、高耸的）约翰·汉考克大厦，等等。确实，这些描述有时也可以看作回应了城市景观中的反差：空间反差、地位反差、功能反差、时代对比、洁净程度或者园林景观的比较等等。元素和属性因其在整体中的地位而变得引人注目。

在洛杉矶，人们有这样一种感觉：环境不稳定、缺乏与过去有联系的实体元素。这既令人兴奋又非常让人不安。在很多定居者（无论老少）的描述中都包含许多曾经有而现在早已不在的东西。变化，比如由高速公路系统造成的那些变化，在人们的心理意象上留下了疤痕。采访者说：

> 当地人似乎有一种苦涩或怀旧，可能是因为对变化不满，或者只是因为自己的适应能力难以赶上变化的速度。

在阅读这些访谈材料时，可以发现类似的一般性的评论很多。但是，用更系统的方式双管齐下地开展研究访谈和实地调查，获得更多关于城市特征和结构的信息，都是可能的。这将是下一章的任务。

第三章　城市意象及其构成元素

　　似乎每个城市都可以从许多个人意象中重叠得到一个公共意象。或者可能有一系列的公众意象，其中每一个都是一定数量的市民所共同持有的。一个人要在自己所在的环境中顺利地活动并与其他人合作的话，这样的群体意象是必不可少的。每一个人的意象都是独特的，其中一些内容很难或者不可能与他人分享，但是它近似于公共意象。在不同的环境中，公共意象会显得更强势，或者更包容。

　　我们的分析仅限于实体的、可感知的对象。可意象性还会受到其他一些因素的影响，比如一个地方的社会意义、功能、历史甚至名字等等。这些暂且搁置不提，因为我们的目标是揭示形式本身对意象所起的作用。人们都承认，在实际的设计中，形式应该用来加强意义，而不是否定它。

　　目前研究的城市意象的内容都是与实体形态相关的，可以分成五类元素：道路、边界、区域、节点和地标。的确，这些元素还有更广泛的应用，因为它们在环境意象中会以不同类型重现，就像附录 A 里所提到的。可以按以下的方式定义这些元素：

　　1.道路。道路是观察者通常、偶尔或可能经过的通道。它们可以是街道、人行道、公交道、运河、铁路等等。在很多人的意象中，这些道路都占据着主导地位。人们观察城市的时候，要途经各种道路，其他的环境元素都分布在道路周围或者与道路有各种各样的联系。

2.边界。边界是未被观察者用作或看作道路的线性元素。边界是两个面的交界线，是绵延中线形的中断：堤岸、铁路路堑、开发区的边界、围墙等。它们是横向的，而不是坐标轴。这样的边界可以是屏障，差不多也能通过，把一块区域同其他区域划分开；也可以是痕迹，两个区域在此联系、相交。这些边界虽然不大会像道路那样占主导地位，但对很多人来说却是重要的组织要素。特别是连接大块区域时，边界起着组织的作用，比如城市轮廓当中的水或墙。

3.区域。区域是城市里中等或较大的部分，通常被看作二维的。观察者内心想象进入区域"内部"。人们依据区域内部统一的、有辨识度的特征来识别。通常人们是在内部识别区域的，如果能在外部看到特征的话，也可以将其作为区域外部的方位参照。大部分人都是这样描绘城市结构的，不同的人之间的差异在于把道路还是区域作为主导元素。这不只看个人，还要看是哪个城市。

4.节点。节点就是一些单个的地点，是观察者进入城市的地方，或者每天出行会反复经过的地点。节点主要是连接点，交通系统中的中断点，道路的交叉点或交会处，从一个建筑到另一个之间的切换处。节点也可以是简单的集中地，因为某种功能或物理特征在此聚集而有了重要地位，比如街角人们常去的聚集点或者封闭的广场。有的集中节点是一片区域的焦点或缩影，它们的影响向四周扩散至整个区域并且成为区域的象征。这样的节点可以叫作核心。当然，很多节点同时具有连接点和集中点的性质。节点的概念是与道路的概念相关的，因为连接点通常是指道路或行程活动的交会处。同样，节点也与区域的概念相关，因为核心一般是区域当中的集中点，是区域的极化中心。不管怎样，几乎所有意象当中都包含节点，有时节点甚至成为主导性的要素。

5.地标。地标是另一种点状的参照物，但是观察者并不进入其内部而是在它的外面。它们一般是确定的对象：建筑、招牌、商店或者山峰。它们的功能在于把一个元素从众多的目标中凸显出来。

有的地标在很远的地方，可以从不同的角度和距离观察到，在其他较小元素之上，可用作径向参照物。它们可以位于城市当中或者在非常远的地方，以使它们能为各种实用目的指明一个恒定的方向。比如耸立的高塔、金色穹顶、高山等等。甚至移动点，比如太阳，只要运动足够缓慢而规律，就可以当作地标来用。其他的地标一般是局部的，只能在特定的位置和路径才能看到。城市里有数不尽的招牌、门面、树木、门把手，以及其他的城市细部，充实着观察者的意象。它们经常被用作特征甚至结构的线索，而且随着对行程路线越来越熟悉，人们也会越来越依赖地标。

一个给定的现实环境可能在不同的观察条件下产生不同类型的意象。高速公路对司机来说是一条道路，而对行人来说就是一条边界。一个城市中心在中等城市里构成一个区域，而在整个大都市区内则被当作一个节点。但是对于固定的观察者，在一定的活动范围之内，意象元素的类型应该是固定的。

上述各类元素在实际中都不是单独存在的。区域由不同的节点组织起来，四周有边界限定，有道路贯穿其中，内部散布着地标。各种元素经常相互重合，相互穿插。如果分析从区分不同类型的元素开始，到最后就必须重新整合成一个完整的意象。我们的研究已经为元素类型的视觉特征提供了充足的信息，我们接下来就要讨论。遗憾的是，我们的工作对元素之间的关系、意象的层次、意象的质量或者意象的形成等问题的研究还很有限。这些话题将在本章末尾提到。

道路

大多数受访者都觉得道路是城市里占主导地位的元素，尽管其地位可能会根据对城市的熟悉程度而有所变化。对波士顿缺少了解的人会从地形、大的区域、一般特征以及宽泛的方向关系等各方面来思考这个城市。了解波士顿的受访者一般都对道路结构有一定的掌握，他们更倾向于从特定的道路及其相互关系的角度去组织意象。最了解波士顿的人意象里最多的是小标志，区域或道路反倒比较少。

不要低估公路系统潜在的戏剧性和辨识度。泽西市的一位受访者，感觉周边环境乏善可陈，但是提到荷兰隧道时却突然兴奋起来。另一位女士这样分享她的快乐：

> 当你穿过鲍德温大街，整个纽约就呈现在你的面前，佩利塞德岩壁的巨大落差显得有些恐怖……泽西市下城区的开阔全景在你的面前，沿着山路下去，你会发现一条隧道、哈德逊河还有各种各样的事物……我经常看向右侧，想看看是否能看到……自由女神像……然后我总是抬头看帝国大厦，看看天气如何……我有一种真正的幸福感，因为我要去某个地方，我喜欢去那个地方。

特定的道路可能因为各种原因成为重要的特征。日常出行当然影响最重大，所以主要的交通线，比如波士顿的博伊尔斯顿街、斯托罗快车道或特莱蒙街，泽西市的哈德逊大道，或者洛杉矶的高速公路，都是关键的意象元素。交通障碍往往会让结构变得复杂，有时会把交错的车流集中到更小的通道上去，从而增加这些道路在人们心里的重要性。灯塔山在波士顿充当着巨型环岛的作用，提高了剑桥街和查尔斯街的地位。公共花园则加强了灯塔街的意象。查尔斯河把车流限定在人人可见的几座形态各异的桥上，无疑可以有助于厘清道路结构。同样，泽西市的岩壁把人们的注意力都集中到三条成功跨越它的道路上。

图 30，见 73 页

把特定功能和活动集中到一条街上会让它在观察者心中意象深刻。华盛顿街就是波士顿突出的实例：受访者都会把它与购物和剧场联系在一起。有的人会把这些特征延伸到华盛顿街并不一样的部分（比如，靠近州府街那段）；很多人好像不知道华盛顿街不只有娱乐区，还以为它只到埃塞克斯街或斯图亚特街就结束了。洛杉矶有许多例子——百老汇街、斯普林街、贫民区、第七街——那些地方的功能特别集中，形成了线状的功能区。人们好像对自己接触的活动数量的变化比较敏感，有时候主要靠交通作线索。洛杉矶的百老汇街因其拥挤的人群和有轨电车为人们所熟知，波士顿的华盛顿街以步行的人流而著称。别的地面活动也可以让活动场所变得令人印象深刻，比如南站附近的建造活动，或者菜市场的喧闹。

图 18，见 40 页

　　独特的空间性质可以加强特定道路的意象。最简单的就是，特别宽或特别窄的街道往往会吸引人的注意力。剑桥街、联邦大道、大西洋大街在波士顿都很有名，它们都是因为其巨大的宽度而显得与众不同。宽窄的空间性质能具有这样的重要性，在一定程度上是因为人们通常以为主街道比较宽而小街道比较窄。人们会自动地寻找或依靠"主"（宽的）街道。而波士顿的实际格局正好支持这一假设。狭窄的华盛顿街并不遵守这条规律，它与其他街道的对比正好相反，高楼大厦和庞大的人流让它显得格外狭窄，而这种倒转正好成为它的辨识标志。波士顿金融区定位困难，或者洛杉矶网格缺乏个性，也许就是因为缺乏空间上的主次秩序。

　　特别的立面特点对道路的特征也很重要。灯塔街和联邦大街之所以与众不同，有一部分原因在于道路旁边建筑物的立面。路面纹理似乎没有那么重要，除了个别的特例以外，比如洛杉矶的欧维拉街。绿化的细节似乎也没那么重要，但是大量的绿化，就像联邦大街那样，可以有效地加强道路的意象。

图 21，见 53 页

　　与整个城市的特点相近也能增强道路的重要性。这样的道路其实还起着边界的作用。大西洋大街处于重要地位很大程度上是因为它与码头和港湾的关系，而斯托罗快车道则是因为它在查尔斯河的位置。阿灵顿街和特莱蒙街的特色在于它们有一边紧靠着公园，而剑桥街的意象清晰得益于它与灯塔山的关系。其他能提高单条街道重要性的性质还有道路本身的视觉显露程度，或者从这条路上看城市其他部分的显露程度。中央干道引人注意，部分是因为贯通全城的高架桥使得它视觉上比较突出。查尔斯河上的

图 7，见 27 页

图 20，见 42 页

桥也因为特别长而比较显眼。但是，洛杉矶市中心区边缘的高速公路却被路堑或者绿化防护墙给遮住了。许多开车的受访者都说感觉高速公路不在那里。而当他们驶出路堑时，视野顿时开阔，注意力也立刻敏锐起来。

道路偶尔会因为结构的原因而变得重要。马萨诸塞大街对大部分受访者来说是无法描述的，几乎是纯粹的结构元素。但是，它和许多令人迷惑的街道相交，这使它在波士顿具有重要地位。泽西市的许多道路似乎都有这种结构特征。

当主要道路缺乏特征或者非常容易混淆时，整个城市的意象就会难以形成。所以，波士顿的特莱蒙街和肖马特大街，还有洛杉矶的奥利弗街、厚普街和希尔街很容易搞混。波士顿的朗费罗桥经常会被人错以为是查尔斯河大坝，可能是因为两者都承载着公交线路并且尽头都是交通环岛。所以这也给公路系统和地铁系统造成实际的困难。泽西市的很多道路都特别难找，不论是在实际生活中还是在人们的意象里。

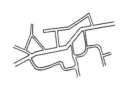

道路要是能够识别应该就会有连续性，这是显而易见的功能需要。人们经常依赖这种性质。最基本的要求是实际线路或人行道路面应该通畅；其他特征的连续性就没那么重要。在泽西市那样的环境中，道路仅仅有令人满意的线路连续性就被人们当成可靠的。虽然有些不方便，但即使是陌生人也可以顺着它们走下去。人们经常把连续路线上的特征也看作连续的，尽管它们实际上会有变化。

但是，其他的连续因素也很重要。当通道宽度发生变化时（就像鲍登广场附近的剑桥街那样），或者空间连续性被打破时（比如多克广场旁边的华盛顿街），人们就不会觉得同一条路是连续的。在华盛顿街的另一头，建筑的功能突然发生变化或许可以在一定程度上解释为什么人们以为华盛顿街到尼兰德街就结束了，没有延伸到南角。

赋予道路连续性的例子有：联邦大街上的树木和建筑里面，哈德逊大道沿线的建筑类型和后退距离。名称本身也能发挥作用。

灯塔街主要在后湾区，但是却因名字与灯塔山区产生了联系。华盛顿街这个名称的连续性能引导人穿过南角区，尽管他们根本不熟悉这个区。不论实际离得有多远，只要自己所在的街道名字和市中心名字有关联，人们就会感到轻松愉快。一个反面的例子是，洛杉矶市中心威尔希尔大道和日落大道毫无特征的开端也会让人注意，但那是因为它们远离市中心的那段有特点。另外，波士顿湾旁边的一条路常常让人觉得支离破碎的，只不过因为它的名字老是在变：考斯威街、商业街、大西洋大街。

图 21 联邦大街

除了可辨识度和连续性外，道路还有方向性：沿着某条线的一个方向与其相反方向很容易区分。这种性质可以用渐变表示，即某种性质沿一个方向有规则地不断增强。最常见的是地形的渐变：在波士顿，特别是剑桥街、灯塔街和灯塔山。使用强度的渐变，比如在通往华盛顿街的过程中看到的那样。区域规模的渐变有，经高速公路朝着洛杉矶市中心接近时环境的年代在逐渐变化。在泽西市比较苍白的环境中，有两个例子是基于房屋修缮程度的渐变。

延长的曲线也是一个渐变，运动方向的平稳变化。这一般不是从运动的角度来感知的：唯一用身体感觉来说曲线运动的例子就是波士顿地铁和洛杉矶高速公路的部分路段。访谈中提到街道曲线主要是与视觉线索有关。例如，人们感觉到查尔斯街在灯塔山那里转弯了，因为封闭的建筑外墙加强了人们对曲率的视觉感知。

人们一般会去想道路的重点和起点，想知道道路从哪里来、到哪里去。起始点清晰且有名的道路具有更强的特征，有助于联系整个城市，让观察者在穿过道路时可以了解自己的方位。有的受访者会考虑道路大概的目的地，比如说通往城里的某个片区，而一般人想的都是特定的地点。对城市环境的认知有很高要求的人，可能会因为看到铁路线而烦恼，因为他不知道这些铁路线上的火车要开往哪里去。

波士顿的剑桥街有着明确而重要的端点：查尔斯街环岛和斯克利广场。别的街道可能只有一个清晰的端点：联邦大街的在公共花园，费德勒尔街的在邮局广场。另外，华盛顿街的终点不确定——不同的人认为它通到州府街、多克街、甘草市场广场，甚至到北站（实际上它通到查尔斯顿大桥）——这也让它不能具有鲜明的特征。在泽西市，跨越佩利塞德岩壁的三条主街有汇聚到一起的趋势，最后却莫名其妙地终结，没能真正汇聚，非常容易让人迷惑。

可以通过道路终点附近能看到的元素或表面上的终点来区分道路的终点，比如，查尔斯街一端附近的波士顿公园，还有灯塔街的州政府。斯塔特勒酒店造成洛杉矶第七街的视觉封闭，以及

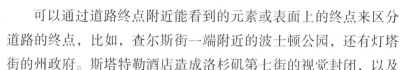

图 32，见 77 页

波士顿的华盛顿街街头的老南议会厅，也是同样的效果。两者都稍微改变了道路的方向，在道路的视轴上放置了重要的建筑物。如果众所周知的元素分布在道路特定的一侧，那么这种元素也能提供方向感。比如马萨诸塞大街的交响乐厅和特莱蒙街旁的波士顿公园都用了这种方法。在洛杉矶，百老汇街西侧的行人相对更拥挤，这也能被用来判断方向。

图 18，见 40 页

道路如果有方向性，它就会有能被度量的性质。人们能感觉到自己在全部路程之中处于什么位置，掌握已经走过的距离和剩下的路程有多长。当然，有助于度量的特征往往也能提供方向感。数街区的简单办法是没有方向性的，但是可以用来计算距离。很多受访者提到这种线索，但不是全部。在洛杉矶规则的网格结构中，这是最常用的。

或许最常用的度量方式是借助道路沿线上一系列熟知的地标或节点。在可识别区域中标出一条路进入或远离它，也是一种指明方向和度量道路的有力手段。例如，查尔斯街自波士顿公园进入灯塔山区，萨摩街从皮鞋皮具区出来通往南站，都可以说明这种作用。

知道一条道路有方向性之后，我们接下来也许要探究它的方向有没有校准，也就是说，它的方向是不是可以在更大的系统中用作参照。在波士顿，有很多道路都未经校准。其中一个常见的原因就是道路会不经意地弯曲，很容易误导人。很多人都没发现马萨诸塞大街在法尔茅斯街拐弯了，结果把整个波士顿的地图都画错了。他们以为马萨诸塞大街是直的，感觉它和很多街道垂直相交，从而以为那些街道都相互平行。博伊尔斯顿街和特莱蒙街给人带来困难，是因为两者当中有很多细微的变化，它们从差不多平行一直变到几乎垂直。大西洋大街让人难以捉摸，是因为它是由两条长弧线和一条很长的直切线组成的，它的方向发生了完全的颠倒，但是它最有特色的部分是直的。

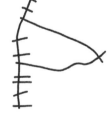

另外，方向突然偏移会限制空间走廊，给有特色的建筑制造更显眼的位置，从而加强视觉清晰性。华盛顿街的核心就是这样

确定的；汉诺威街因为尽头的一间老教堂而有了最有特色之处；南角区的横向街道因为转而与主要的放射道路相交增加了亲近感。与此类似地，因为网格变形阻断了向外的视线，人们不会感觉到洛杉矶市中心的真空。

道路与城市其他部分错位的另一个常见原因是道路与周边的元素截然分离。例如，波士顿公园的道路让很多人困惑：人们不确定要到达公园外的特定地点该走哪条路。他们看向这些外部目的地的视线被挡住了，而公园里的路又没有和外部道路连接起来。中央干道的例子就更能说明问题，它与周围的环境关系更疏远。因为它被架在高处，不能让人清楚地看到邻近的街道，只让车辆快速而不受阻碍地运动，而城里却完全看不到这些车流。那是专门给汽车使用的土地，而不是普通的城市街道。很多受访者不知道如何确定中央干道与周边的元素的位置关系，尽管他们都知道它连接了南北两个车站。洛杉矶也是一样，受访者感觉不到高速公路就在城市"当中"，从匝道下来经常在短时间内搞不清方向。

图 7，见 27 页

最近关于新修高速公路上竖立指向牌的研究表明，这种与周边环境的分离会造成人们每次决定转弯时都充满压力，不能充分准备。即使熟悉路线的司机也令人惊讶地表现得对高速公路网和连接点缺乏认知。这些开车的人最需要的便是掌握整体环境的大体方向。[2]

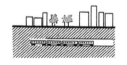

铁路和地铁是另一类分离的例子。除了过河时冒出地面，埋在地下的波士顿地铁线与城市环境几乎毫无关联。地面的地铁进站口可以算城市里的重要节点，但是它们之间是通过看不到的概念联系连接起来的。地铁是一个独立隔绝的地下世界，需要用一些方法才能让它融入整体环境的结构当中去。

图 29，见 72 页

环绕波士顿半岛的水体是决定各部分排列格局的基本元素。后湾区街道与查尔斯河相联系，大西洋街与港口关联在一起，剑桥街明显连接着斯克利广场和查尔斯河。泽西市的哈德逊大道，虽然拐来拐去的，但是一直与哈肯萨克河和哈德逊河中间的长条形半岛保持对齐。洛杉矶网格当然自动地把市区街道排列起来。尽管个别街道之间难以区分，在简略地图里面画出这样一个基本格局是很容易的。三分之二的受访者都是这样先画网格，然后再往里填充其他元素。但是，街道网格实际上与海岸线以及基本方向有一定的偏角，这给很多受访者带来不少麻烦。

当我们考虑一条以上的道路时，道路交叉口就变得十分重要，因为那是需要人们作出决定的地方。简单的垂直关系最好把握，特别是当路口的形状得到其他特征的强化时。根据我们的访谈，在波士顿，人们最熟悉的路口就是联邦大街和艾灵顿街交叉口。那里的空间、树木、车流和其他元素一起让它成为一个非常明显的 T 形路口。查尔斯街和灯塔街交叉口也非常有名：波士顿公园和公共花园的边界让它的轮廓清晰可见而且特别突出。很多街道和马萨诸塞大街的交叉口让人很容易明白方位，可能是因为那些垂直关系在市中心的街道中比较与众不同。

受访者认为，以不同角度相交的街道之间令人迷惑的路口是波士顿的一大典型特色。四岔以上的路口总是会引起麻烦。一位对城市路网极其熟悉的出租车调度员承认，萨摩街教堂草坪旁边的五岔路口是波士顿让他头疼的两个东西之一。同样令人头疼的还有这样的交通环岛：有很多条道路以极小的间隔、同样的角度进入其中。

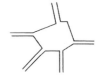

但是，入口数量并不是全部的问题所在。就算是不垂直的五岔路口也可以设计得让人清清楚楚，比如波士顿的科普利广场。通过空间的控制和增强节点的特征，亨廷顿大街和博伊尔斯顿的角度关系就显得特别清楚。而公园广场虽然只是简单的垂直连接，可它的形状不清晰，让人搞不清楚它的结构。波士顿的很多路口不仅是多条街道交会的地方，而且空间走廊在这里与混乱的广场空地重叠时还会失去连续性。

这些混乱的街道也不仅仅是历史偶然的产物。现在的公路立交桥更让人混乱，因为必须快速通过。比如，泽西市的几个受访者就说托内勒环岛的形状让他们感到害怕。

图 22　托内勒环岛

当一条路以较小的角度分出两条有一定重要性的岔路时，会让人对更大尺度上的感知产生问题。比如，斯托罗快车道（在查尔斯街发生名称混淆之后）分出两条路：旧的纳舒厄街（通往考斯威—商业街—大西洋街）和新修的中央干道。它们经常被人搞混，从而造成意象上的重大混淆。所有的受访者都不能同时设想这两条路：他们画出的地图中，只有其中一条是斯托罗公路的延伸。与此类似的，在地铁系统中，主线连续分叉是一个难题，因为很难区分两条分叉不大的支线而且很难记住分叉是在哪里发生的。

几条重要的道路合在一起，可以形成一个简单的结构意象，只要它们总体上的相互关系是协调的，小的不规则处可以忽略。波士顿的街道系统中，除了基本平行的华盛顿街和特莱蒙街外，其他就很难形成这样的意象了。但是波士顿的地铁系统，不论实际尺度有多大，都可以把它看作两条平行线，它们在中间被剑桥—多尔切斯特线切断。虽然那两条平行线容易让人混淆，特别是两条线都通到北站。洛杉矶的高速公路系统，还有泽西市的哈德逊大道和从岩壁下来与其相交的三条街，以及西侧大道、哈德逊大道和卑尔根大道三条街加上其间规则的交叉街道，都可以形成完整的结构意象。

单向行驶的限制会给道路结构意象增加难以描述的复杂度。前面提到的那位出租车调度员的第二块心病就是道路系统中的这种不可逆造成的。有受访者说，过了多克街之后就不敢沿华盛顿街往前了，因为那里两边都是单向车道。

如果许多道路中的重复关系足以有规律可循，那么它们可以看作一个大网络。洛杉矶网格就是一个很好的例子。差不多每个受访者都能轻松地画出二十多条主要道路，以及它们之间正确的相互关系。但是同时，这种规律性也让他们难以区分各条街道。

波士顿后湾区的道路网络很有趣。其突出的规律性与市中心其他部分形成鲜明对比，这种效果在美国大部分城市中都没有出

图23

图 23 后湾区

现。但是，这并不是毫无特征的规律性。在每个人的意象里，这里的纵向街道与横向街道有着鲜明的区别，就像曼哈顿的街道那样。纵向街道都有各自的特征——灯塔街、马尔伯勒街、联邦大街、纽伯里街，每条街都各不相同，而横向街道像是充当着度量工具的作用。两种街道的相对宽度、街区长度、建筑正立面、命名系统、相对长度和数量，以及它们的功能性地位，都能加强区别。于是，一个规律的格局就被赋予了形式和特征。用字母命名横向街道的做法可以用于定位，就像洛杉矶使用数字命名街道那样。

　　南角区虽然也有同样的长而平行的主街道以及与其交叉的短而窄的街道，而且在人们意象中都觉得是规则的网格，但是受访者就难以画出其中的格局。主次街道的区别同样体现在宽度和用途上，而且这里很多次要街道比后湾区的有更多的特征。但是主街道之间缺乏区分特征：哥伦布大街就很难和特莱蒙街或肖马特大街区别。访谈中发现不少人都搞错了。

　　受访者常把南角区简化成几何图形的组合，这说明他们普遍有把环境规则化的倾向。除非有明显的证据来否定，否则他们都尝试按照几何图形网络来组织道路，而不管实际上的曲线和非直角交叉。泽西市的低地区被很多人描绘成网格状，虽然实际上只有一部分是。受访者把整个洛杉矶中心区的道路都同化成重复的网络，没有考虑东部边缘的变形。不少受访者甚至执意把波士顿金融区迷宫般的街道简化成棋盘式的格子！从一个网格系统突然（特别是不经意地）转换到另一个网格，或者转到不是网格的道路系统，是很容易令人混淆的。洛杉矶的受访者就非常容易在第一街北边或者圣佩德罗那块区域迷失方向。

边界

　　边界是不被当作道路的线形元素：它们通常，但并不总是两种区域的交界。它们充当着横向的参照物。它们在波士顿和泽西市比较突出，而在洛杉矶比较微弱。那些强大的边界，不仅在视觉上突出，而且在形态上具有连续性，让人无法穿行。波士顿的查尔斯河是最好的例子，它具有上述全部特征。

前面已经提到半岛的限定对波士顿的重要性。那在 18 世纪时肯定更加重要，那时它是一个真正的、非常令人关注的半岛。从那时以来，岸线经历了侵蚀或变化，但是大体的风貌保留下来了。最起码，有一个变化加强了波士顿的意象：查尔斯河畔曾经是一块图 4，见 24 页沼泽般的滞水区，现在已经有了明确的边界而且开发得非常好了。受试者多有提到，有的还非常细致地画了出来。每个人都记得那里广阔的空间、弯曲的岸线、附近的公路、船只、步道和露天表演台。

河滨另一侧的港湾也非常出名，那里特殊的活动令人难忘。但是，那里人们对水的感知就没那么明显，因为有太多的建筑把水面挡住了，而且老港湾的活动已经失去了活力。很多受访者无法清楚具体地描述查尔斯河和波士顿港之间的联系。一方面是因为铁路调车场和建筑物把半岛顶部的水面给挡住了；另一方面则是因为查尔斯河和米斯提克河的入海口附近 9 无数的桥和码头使得水面比较混乱。而且由于缺少交通繁忙的水滨道路以及大坝附近水位的落差，破坏了查尔斯河与港湾之间的连续性。再往西，没几个人了解南湾区有什么水系，也没什么人能想象出这个方向再过去会到哪里为止。半岛缺乏封闭性，导致很多市民不能充分感觉到城市的完整性和条理性。

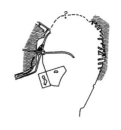

中央干道是行人无法进入的，因而在某种程度上是无法通过的。它在空间上比较突出，但是人们只是偶尔能看到它。它也许属于所谓的片段边界：在理论上是连续的，但是只能在一些分散的点上被人看到。铁路线也属于片段边界。中央干道像蛇一样盘踞图 7，见 27 页在这个城市意象当中，只定住了两端和中间一两个点，其他部位就弯来扭去的。开车行驶在中央干道上感觉不到与周围的联系；反过来，行人也不清楚中央干道的位置。

另外，斯托罗快车道，虽然也让司机感觉它在城市"之外"，但是却被清楚地标在地图上，因为它紧靠着查尔斯河。查尔斯河虽然在波士顿意象中充当着基本边界，但是在相邻的后湾区结构中它很奇怪地被隔离出来。人们不知道查尔斯河和后湾区之间怎么通行。我们可以猜测，在斯托罗快车道把每条横向街道的行人通道隔断之前，情况并不是这样。

与此类似，查尔斯河和灯塔山的关系也让人难以捉摸。尽管灯塔山的位置可以解释河道令人迷惑的弯曲走向，而且就算查尔斯街环岛因此占据了河畔的纵向视野，但是大多数人仍然觉得查尔斯街环岛是两者唯一确定的点。如果灯塔山突然拔地而起、跃出水面，而不是被挡在功能与它关系不大的前滩后面，而且要是它与河畔的道路系统联系更紧密的话，查尔斯河和灯塔山的关系也许可以清楚很多。

在泽西市，滨水区也构成突出的边界，但却是让人不能接近的边界。那里是用铁丝网围起来的无人涉足的区域。无论是铁路、地形、直行公路还是区域界线构成的边界，都是那个环境当中非常典型的特征，往往把环境划分成不同的片段。最让人讨厌的边界，比如哈肯萨克河岸及其上面的垃圾焚烧区，在人们的意象中都被抹去了。

必须考虑边界的分割作用。不论在当地居民还是路过的人眼中，中央干道造成的北角区孤立都是很明显的。如果可能的话，保留汉诺威街通往斯克利广场的连接，这种孤立也许就能得到缓解。当年扩宽剑桥街肯定也对西角区和灯塔山之间的连续性有着同样的作用。宽阔的波士顿铁路线肢解了这个城市，也孤立了后湾区和南角区之间那个"被遗忘的三角"。

虽然连续性和可见性对边界来说非常重要，但是强大的边界不一定就是不可穿透的。很多边界都是具有联结作用的接缝，而不是产生隔绝的障碍。两者造成的实际差距是很有趣的。波士顿的中央干道似乎起着绝对的分割和隔离的作用。而宽阔的剑桥街把两个区截然分开，但是让它们保持了某种视觉上的联系。灯塔街，是灯塔山区在波士顿公园的界线，它并不是一道屏障，而是将两个大区清晰地连接起来的接缝。查尔斯街承载着繁忙的交通，但也容纳着当地与灯塔山区有着密切关系的服务商店和特殊活动。通过把居民吸引过来，它把两个区的居民撮合到一起。对不同的人，在不同的时间，它的角色可以是线形的节点、边界或者道路。

图 57，见 159 页

　　边界往往也可以是道路。在这种情况中，如果普通观察者也可以在道路上通行（比如，在中央干道上那样），那么交通的意象应该在环境中占据着主导地位。这样的边界元素往往被描绘成由界线特征强化的道路。

　　菲格罗亚街和日落大道（勉强算上洛杉矶街和奥林匹克街），通常被当作洛杉矶中央商务区的边界。有趣的是，它们在这方面甚至超过了好莱坞和港湾高速公路，虽然后两者也可以看作重要的界线，而且作为道路来说地位更高，实际上也更加壮观。菲格罗亚街和其他的地面街道在人们的观念当中就属于总体道路网格，而且人们对它们已经熟悉很久了；而下陷或者被绿化遮挡的高速公

图 24　芝加哥的沿湖地区

路相对来说可见度较低，所以，这些高速公路就在人们的意象中被抹去了。洛杉矶很多受访者都难以想象出高速公路和城市其他部分之间的联系，这与波士顿的情况很像。在他们的意象中，甚至会步行穿过好莱坞高速公路，就好像它不存在一样。所以，高速干道不一定是中心区域最好的视觉边界。

泽西市和波士顿的高架铁路属于所谓的空中边界。抬头看沿着波士顿华盛顿街方向延伸的高架铁路，它突出了这条路线，并且给人们指明了通往市中心的方向。但是它在百老汇街附近偏离了街道，因而也就失去了指引方向的作用和影响力。北站附近有好几条空中边界相互交叉，容易造成混淆。不过，空中边界并不构成地面的障碍，在未来也许会成为重要的定向元素。

边界也能像道路那样有指向性。例如，查尔斯河边界两边有明显的水城之分，而且灯塔山也让它的两端有明显的区别。大部分边界都没有这样的性质。

想到芝加哥就不能不想到密歇根湖。我们很好奇，在描绘城市地图时到底会有多少芝加哥人不先画湖岸线。密歇根湖岸线是可视边界的极佳实例，它尺寸极大，让整个都市区都能看到。高大的建筑、公园和小块私人沙滩都靠在水边，全线大部分都能让人到达和看见。沿线活动和横向宽度的对比都非常强烈。而且这种效果随着道路和活动聚集的程度而增强。这里的尺度巨大而粗犷，城市与水体之间有时（比如在卢普区）插入了过多的开放空间。但是，芝加哥密歇根湖畔的景色仍然令人难忘。

图 24，见 63 页

区域

区域是城市当中观察者能想象进入其中并且具有某种共同特征的面积较大的范围。它们能从内部识别，而且能在人们路过或走向它们时充当外部的参照物。很多受访者特意指出，虽然波士顿的道路格局有时甚至让老居民都搞不清楚，但是这里众多特色鲜明的区域足以弥补这一点。其中一位说道：

> 波士顿的每个部分都不一样。你能清楚地说出你在哪块
> 区域。

泽西市也分了很多区，但主要是按族裔和阶层分的，相互之间没有多少实体上的区别。洛杉矶尤其缺乏明显的区域，除了市政中心区。除此之外，最接近的区域就是线状的、沿街的贫民区或金融区。很多洛杉矶受访者不无遗憾地说起住在个性鲜明的地区的乐趣。有人说：

> 我爱运输区，因为那里什么都有。这是最主要的；别的都
> 不重要了……交通特别方便。而且这里所有人都是同样的工
> 薪阶层。那里很不错。

当被问到他们觉得哪个城市最好辨别方位时，受试者有不同的回答，但是他们都提到了纽约（其实是说曼哈顿）。人们并不是因为那里的街道网格而这样说（洛杉矶也有），而是因为其中有许多富有个性而界线清晰的城区。两位洛杉矶的受访者甚至说曼哈顿比洛杉矶中心区还要"小"！看来大小的概念或许在一定程度上依赖于对结构的把握程度。

在波士顿进行的访谈中，人们把区域当作城市意象的基本元素。比如有位受访者在被要求从法纳尔大楼走到交响音乐厅时，他立刻将这段行程概括为从北角区到后湾区。但就算区域没被主动用来指向，它们也仍然是城市生活经验中重要而令人满足的部分。随着对城市的熟悉程度增加，人们识别波士顿各个城区的方式也有所变化。最熟悉波士顿的人一般主要通过细微元素来组织和辨别方位。但是，有几个极其熟悉波士顿的人不能把细致的感知归纳为城区。也就是说，虽然对城市各个部分的细微区别了如指掌，可他们却没有把元素按区域进行分组。

决定整个区域的实体特征是主题连续性，其中包含无数种要素：肌理、空间、形式、细节、符号、建筑类型、功能、活动、居民、修缮程度、地形……在波士顿这种建筑密集的城市，相似的建筑立面——材料、造型、装饰、颜色、天际线，特别是开窗——都是识别主要城区的基本线索。灯塔山和联邦大街是两个实例。线索不仅包括视觉的，声音也同样重要。有时候，混淆本身也可以成为线索，就像有位女士说的，她只要一有要迷路的感觉就知道自己在北角区。

图 55，见 158 页

通常，典型特征都是在一组特征中被人意象和识别的，那一组意象就是主题单元。比如，灯塔山的意象中包含陡而狭窄的街道、尺度合宜的老式砖砌联排住宅、修整完好的白色凹进式门廊、黑色镶边、鹅卵石和砖铺成的人行道、安静的环境、上流社会的行人。得到的主题单元与城里其他地方相比有鲜明的区别，可以让人一眼识别出来。在波士顿市中心的其他区域，存在着主题混淆。虽然后湾区和南角区有着不同的功能、地位和格局，但是人们常常把它们混到一起。这大概是由建筑同质化以及历史背景相似造成的。这种相似往往会让城市意象变得模糊。

要形成强烈的意象需要对线索进行强化。极为普遍的情况是，有的地方有几个特别的标志牌，但那还不足以构成完整的主题单元。那么，这个区域仅仅对某些熟悉这个城市的人来说是可辨识的，但它没有任何视觉上的力量或冲击。比如，洛杉矶的小东京，可以通过族群和招牌上的字体被辨认出来，但是除此之外就和其他地方没什么区别。尽管这里的种族集中度非常明显，可能很多人都知道，但那只是城市意象中的一个次要部分。

不过，社会内涵的确对于形成区域非常重要。一系列街头采访表明，很多人把城区和阶级色彩联系在一起。泽西市很多区域都是按阶级或种族划分的，只有外来者分不清楚。泽西市和波士顿的采访都表现出对上层社会过分的关注，于是都夸大了那些区域的元素的重要性。城区名字也有助于赋予地区以个性，即使主题单元不足以和其他地方形成鲜明的对比。传统的联想也有类似的作用。

当主要条件得到满足，并且形成与城市其余部分有显著区别
的主题单元，内部同质性就没那么重要了，尤其是当不一致的元
素按照可预测的规律出现时。在一位受访者的意象中，街角的小
商店在灯塔山形成一种节奏。这些商店绝不会弱化她关于灯塔山　　图 57，见 159 页
的非商业性的意象，反而只会加强它。受访者可能会略过大量局
部与区域个性特征不一致之处。

城区有各种界线。有些是硬性的、清晰的、精确的，比如后
湾区在查尔斯河畔或公共花园的界线。人们都一致认定了它的确
切位置。其他的界线可能就比较模糊或不确定，比如波士顿市中
心商业区和办公区的界线，多数人都会说它存在并指出大概位置。
还有一些区域根本没有界线，比如很多人意象中的南角区。图 25　　图 25
表示的是波士顿的界线差别，勾勒出受访者意象中各个区的最大
范围，以及他们一致确定的核心区域。

这些边界似乎还有一个次要作用：它们可以限定一个区域并且
强化其特征，但是显然跟形成区域关系不大。边界可能会扩大各
个区域无序分割城市的趋势。少数几个人认为，波士顿有太多可
识别区域的一个结果就是混乱：突出的边界阻碍了城区之间的过渡，

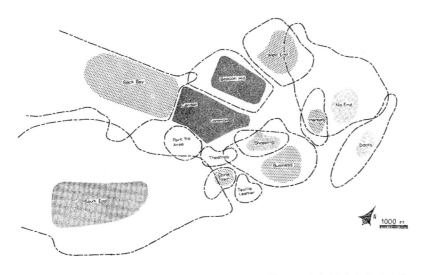

图 25　波士顿的变化的边界

加深了杂乱无章的意象。

那种具有明显的核心，四周的主题单元逐渐减弱的地区是很少见的。有时候，一个突出的节点可以单纯通过"辐射"（靠近这个节点）在更大的相似范围内形成一种区域。这样的区域主要是参考范围，而没有什么感觉内容，但是仍然有益于组织概念。

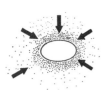

波士顿有些著名的城区在公共意象中没有更细的内部结构。很多能认出西角区和北角区的人都觉得它们的内部毫无差别。更常见的情况是，像市场区那样的主题生动的区域，从外部或者内部来看似乎都是结构混乱的。市场活动的实际感觉令人难忘，法纳尔大楼及其附楼也进一步加强了人们的意象。但这个区域还是混乱的而且处于无序蔓延中，它被中央干道分成两半，并被争夺主导地位的两个活动中心（法纳尔大楼和干草市场广场）给搅乱。而且多克广场在空间上也很混乱。它和其他区域的联系要么模糊不清，要么被主要干道给截断了。所以，市场区在很多人的意象中都只是含混不定的。市场区没有像波士顿公园那样，在波士顿半岛的顶端发挥出潜在的拼接联系作用，尽管很有特点，但

图 26

图 26   市场区

却是一个混乱的障碍地带。另外，灯塔山区内部有着由次一级分区、路易斯堡广场节点、各种地标和道路布局组成的精细结构。

　　此外，有的区域是内向型，主要依靠自身被识别，而很少涉及其他城市区域，例如波士顿的北角区或者唐人街。有的是外向型，依靠外部被识别并且联系着周边的元素。波士顿公园虽然内部道路混乱，但是与相邻的区域有着可以见到的联系。洛杉矶的邦克山的例子非常有趣，它有着很强的个性和历史联系，而且处在比灯塔山离城市中心更近的特别地形。但是，这个城市绕开它发展，将其地形边界埋没在办公楼中，截断其道路联系，最后成功地让它在城市意象中褪色甚至消失。现在有一个改变城市风貌的绝好机会。

　　有的城区是独立的，在它所处的区域中独自存在。泽西市和洛杉矶的区域实际上都属于这种，波士顿的南角区也是一个例子。其余的区域都是连在一起的，比如洛杉矶的小东京和市政中心，或者波士顿的西角区和灯塔山区。波士顿市中心的一部分，包括后湾区、波士顿公园、灯塔山、中心商业区、金融区和市场区等离得近而且相互联系的区域，成为特色地区无缝拼接的组合。人

参见附录 C，关于灯塔山的论述

图 27

图 27　邦克山

们无论在这些界线之内的什么位置，都处于一个可辨识的区域。而且，各个区域之间的对比和相似之处也提高了各自的主题强度。比如，灯塔山因为靠近斯克利广场和市中心商业区而有了更鲜明的性质。

节点

　　节点是观察者可以进入的关键焦点，通常是道路的交会处或者某些特征的集中地。尽管在意象中它们被设想成小点，但它们实际上可能是大广场，或是延伸的线形，或在一个足够大的层次考虑城市时整个中心区都能看作一个节点。确实，在考虑国家甚至国际层次上的环境时，整个城市可能就成了一个节点。

　　交通线上的连接点或中断处，对于城市观察者非常重要。因为人们必须在连接点做出决定，人们在这样的地方会提高注意力，从而更清晰地感知周围的元素。事实反复证明，人们往往会不由自主地假定：连接点上的元素因为其所处的位置而特别突出。这样的位置在知觉中的意义还体现在另一个方面。当被问及在日常的行程中，他们觉得自己最早是什么时候到达波士顿市中心的，很多人都选择了一些关键位置的交通中断点。在很多人的回答当中，那个点是高速公路与城市街道过渡的地方；有一种回答说，那个点是在波士顿第一个火车停靠点（后湾区车站），虽然那位受访者并没有在那里下车。泽西市居民认为通过托内勒环岛后就离开了这个城市。

　　交通线之间过渡似乎标志着主要结构单元之间的过渡。例如，斯克利广场、查尔斯街环岛和南站都是波士顿非常突出的连接节点。查尔斯街环岛和斯克利广场都是重要的连接节点，因为两者都是越过灯塔山这个屏障的转换点。环岛本身并不是什么漂亮的地方，但是它明显地表现了河、桥、斯托罗快车道、查尔斯街、剑桥街之间的过渡，而且环岛上的人能清楚地看到开阔的河

图 28，见 71 页

图 28　查尔斯街环岛

面、高高的车站、从山间穿行的火车、繁忙的车流。就算其实体
形态不规则、不明确，这样的节点也可能非常重要，比如泽西市
的日报广场。

图 11，见 31 页

　　地铁站串联起看不见的道路系统，是重要的连接节点。有些
站点，比如公园街、查尔斯街、科普利和南站，在波士顿的印象
地图中非常重要，有几个受访者围绕它们把整个城市组织起来。
这些关键站点中的大多数都与重要的地面特征有联系。其余的，
比如马萨诸塞站，就不明显。这或许是因为这些受访者很少使用
这个换乘站，或者因为不利的实体环境：缺少视觉趣味，地铁节点
远离了街道路口。这些站点本身都各具特色：有的便于识别，比如
查尔斯街站；有的就难以识别，比如迈开利克斯站。它们中的大
多数在结构上都很难与地面发生联系，但其中有些特别令人迷惑，
比如华盛顿街站的上层站台就毫无方向可言。详细分析地铁系统
或公交系统的可意象性，会是十分有用而有趣的。

图 29，见 72 页

图 29　地铁站

　　主要的火车站几乎都是重要的城市节点，虽然它们的重要性正在衰减。波士顿的南站是城市当中最显著的节点之一，因为它对通勤者、地铁乘客和城际旅客都很重要，而且其巨大的正立面在杜威广场的开放空间里显得特别引人注目。机场的情况应该也是如此，假设我们的研究区域内有机场的话。在理论上，即便是普通的路口也属于节点，但是它们不够突出，不足以令人产生意象，而只是把它看作偶然的道路交叉口。再说，城市意象里也放不了太多的节点中心。

图 17，见 39 页

　　还有一种类型的节点，即主题集中地，也很常见。洛杉矶的潘兴广场就是一个突出的例子，它也许是城市意象中最清晰的点，以十分典型的空间、绿化和活动为特征。奥维拉街和旁边的小广场也是一个实例。波士顿有大量实例，其中就包括乔丹—菲莱纳图 30街角和路易斯堡广场。乔丹—菲莱纳街角虽然也充当着华盛顿街和萨摩街的连接点并且还有一个地铁站，但是它主要是城市中心区的中心。它是"百分之百的"商业区，浓缩程度是美国大城市中少见的，但在文化上又是美国人所熟悉的。它是一个核心：一个重要区域的焦点和象征。

　　路易斯堡也是一个主题集中点，是著名的、宁静的、开阔的住宅空间，有着灯塔山强烈的上流社会主题，里面还有一个辨识度很高的有围栏的公园。作为集中点，它比乔丹—菲莱纳街角更纯粹，因为它不是换乘点，并且在人们的意象中它只是在灯塔区"内部的某个地方"。它作为节点的重要性远远高于其功能。图 59，见 161 页

图 30　华盛顿街和萨摩街

　　节点可以既是连接点又是集中点，就像泽西市的日报广场那样，它是重要的公交车与汽车的换乘站，也是购物集中地。主题的集中点可以是区域的焦点，比如乔丹—菲莱纳街角，路易斯堡广场或许也是。其余的这种节点不是焦点而只是独立的特殊集中点，比如洛杉矶的奥维拉街。

图 60 和图 61，
见 165 页和 167 页

　　突出的实体形态并不是识别节点时必不可少的，日报广场和斯克利广场就是证明。但是，如果其空间有确定的形态，意象就更深刻了。那个节点会令人难忘。如果斯克利广场有与其功能的重要性相称的空间形态，那么它毫无疑问将成为波士顿的关键特征之一。按照现在的形态，没有人会记得它到底什么样子。人们说它"破破烂烂的"或者"不体面"。三十位受访者中只有七位记得那里有个地铁站，除此之外就再没有什么一致的描述了。显然，它没有让人产生任何视觉意象，而且人们也不太清楚它的功能意义——它连接着多条道路。

　　相反，像科普利广场这样的节点，功能意义不太重要而且与亨廷顿大街斜交，给人的意象却非常清晰并且与多条街道的连接也都特别清楚。它易于辨认主要是因为那里独特的单体建筑：公共图书馆、三一教堂、科普利广场酒店和约翰·汉考克大厦。它主要是活动和独特建筑的集中点，而不是整体空间。

　　像科普利广场、路易斯堡广场或奥维拉街等节点都有清晰的界线，几尺之外都清晰可辨。其他的节点，比如乔丹－菲莱纳街街角，只是某种特征集中的最高点，而其中没有明显的起点。无论如何，最成功的节点貌似既在某方面独一无二，同时又集中了周围的某种特征。

　　节点像区域一样，有内向和外向之分。斯克利广场是内向的，因为当人们在其内部或周围时得不到任何方向上的感知。在它周围，基本的方向只有朝向它或背离它；到达那里时，最主要的位置认知就只有"我到了"。相反，波士顿杜威广场是外向的，它能说明大体方向，而且与办公区、商业区和水滨区的联系也很明确。杜威广场的南站就像一个直指市区中心的大箭头。通往这种节点的道路应该有特定的方向。潘兴广场有着类似的指向性，主要是由于彼特莫勒酒店的存在。不过在这里，道路网格当中的具体位置并不确定。

这些性质可以用一个著名的意大利节点的例子来概括：威尼斯的圣马可广场。它有很高的区分度，丰富而又复杂，与城市的总体特征以及四周狭窄、扭曲的空间形成鲜明对比。可是，它与城市的主要特征——大运河紧密联系在一起，而且形状具有方向性，它能说明人们是从哪个方向进来的。它自身内部有鲜明的差别和精致的结构：分为两个空间（大广场和小广场），有众多鲜明的地标（圣马可大教堂、道奇宫、钟楼和图书馆）。身在其中总是能感觉到和它之间的清晰关系，在某种程度上，能准确地定位。这个空间的特点是如此突出，以至于很多从没来过威尼斯的人都能一眼认出它的照片。

图 31

图 31　威尼斯圣马可广场

地标

地标是外在于观察者的参照点，是大小不定的简单实体元素。人们似乎越是熟悉城市就越依靠地标系统作向导——相比于连续性，人们会更欣赏城市的唯一和特别之处。

使用地标时要在很多个可能的目标当中挑出一个元素，所以地标最关键的实体特征就是要有独特性，某个方面在那个环境中应该是独一无二的或者令人印象深刻的。只要有清晰的形态，只要与背景有明显的区别，只要空间位置上比较突出，地标就会较容易辨识，较容易被选为重要标志。形体—背景反差似乎是最主要的因素。突出一个元素的背景不限于直接相邻的环境：法纳尔大楼的蚱蜢形风向标、州议会厅的金色穹顶或者洛杉矶市政厅的尖顶在整个城市的背景当中都是独一无二的。

从另一方面来说，受访者会因为某个东西在肮脏的城市中显得干净（比如波士顿的基督教科学教堂）或者在陈旧的城市中显得新颖（比如阿克街的小教堂）而挑选它作地标。泽西市医疗中心因为它的小草坪和花草以及巨大的体量而出名。洛杉矶市政中心的老档案馆是一栋拥挤而脏兮兮的楼房，有与众不同的开窗比例和细部。虽然没有重大的功能和象征意义，但是位置、年代、尺度让它有了容易辨识的意象，只不过有时候令人愉悦，有时候令人不快。不少人说它"像馅饼"，尽管它是标准的矩形。那显然是街道斜交造成的错觉。

突出的空间位置可以通过两种方式让元素成为地标：一是使元素可以从很多地点看见（波士顿的汉考克大楼，洛杉矶的里奇菲尔德石油大厦），二是让它与周围的元素形成反差，即后退距离和高度的变化。在洛杉矶，第七街与富劳尔街的街角有一栋老旧的两层灰色木结构房屋，退后红线距离约 3 米，里面容纳量为几家小商店。这吸引了一大堆人的注意和兴趣。有人甚至把它当人一样，称它为"灰姑娘"。空间上的后退和平易近人的尺度是非常值得注意和让人高兴的，这与这个街面上其他建筑的大体量形成鲜明对比。

图 32，见 77 页

图 32　第七街的"灰姑娘"

　　位于需要做出选择的道路连接位置可以加强地标的意象。比如，波士顿鲍登广场的电话大楼就被用来让人们在剑桥街逗留。与一个元素相关的活动也可能让那个元素成为地标，洛杉矶的交响乐厅是一个少见的例子。这个音乐厅正好站在视觉可意象性的反面：它位于一栋普通大楼的出租单元，大楼的招牌上只写着"浸礼会教堂"，陌生人绝对找不到它。它作为地标的力量，产生于文化地位和实际的默默无闻之间强烈的反差和刺激。历史的关联，或者其他的内涵都是很有力的强化，就像波士顿的法纳尔大楼和州议会大厦。只要一个对象跟一段历史、一个标志或一种内涵有联系，它作为地标的价值就会提高。

　　远处的地标，在很多地点都能看到的显眼的点，一般都非常出名，但只有不熟悉波士顿的人才会在很大程度上利用它们来组织城市和选择出行路线。只有新来的人才会借助汉诺威和海关大楼确定方向。

很少有人清楚地知道这些遥远的地标在哪里以及怎样才能到那个地标的基底。波士顿大部分的远距离地标实际上都是"没有根基的",它们有种独特的飘浮特性。汉考克大厦、海关大楼和法院大楼在整个城市天际线中比较突出,但是它们的基底所在的位置和特征却绝对没有它们的顶部那么重要。

图 58,见 160 页

波士顿州议会大厦的金色穹顶似乎并没有这么难以捉摸。它独特的形状和功能,在山顶的位置,朝向波士顿公园,在很远的地方就能看到的金色穹顶,所有这些都让它成为波士顿市中心的重要标志。它具有令人满意的两种性质:一是在**各个层面上都**是可辨识的,二是象征意义和视觉意义相统一。

使用远处地标的人只是为了找一个大概的方向,或者更常见的情况是,在象征的意义上使用它。对有的人来说,海关大楼增强了大西洋大街的统一性,因为在那条街上的任何一处都能看到它。而对另一些人来说,海关大楼在金融区形成一种节奏,因为那一带的很多地方都能时不时地看到它。

图 33,见 79 页

佛罗伦萨大教堂是远处地标的最好实例:无论远近、昼夜都能看到它,不可能被人搞错,与城市传统有密切联系,身兼宗教中心和交通中心,穹顶和钟楼的相对位置可以让人从很远的地方确定方向。如果没有这栋宏伟的建筑,人们难以想象这个城市会是什么样子。

但是局部范围内的地标,虽然只在限定的位置能被看到,却在我们研究的三个城市里得到更加频繁的使用。它们的范围非常广,只要能用的东西都可以包括在内。当地元素中有多少能充当地标,既取决于观察者对他周边的环境有多熟悉,也取决于那些元素本身。对环境并不熟悉的受访者在室内访谈时往往只能说出几个地标,而当他们进行实地考察时能找到更多。声音和气味有时候也能增强视觉上的地标,尽管它们本身并不能构成地标。

地标可以是孤立的、缺少强化因素的单个对象。除了非常大

图 33　佛罗伦萨大教堂

或非常独特的标志之外，这样的地标都是非常弱的参照物，因为它们很容易被弄丢，需要不停地寻找。单一的交通信号灯或者街道名称需要人专心寻找。更常见的是，局部的多个点在人们意象中往往组成一簇一簇的，簇中的点因为重复而得到相互增强，而且在一定程度上是通过相互关系而被识别的。

　　有一连串前后相续的地标，其中的一个细节可以让人联想到下一个，而关键细节会触发观察者采取特别的行动，这似乎是人们穿行城市的标准方式。在这样的一连串地标中，有的是触发线索，它们出现在必须做转弯决定时；有的是肯定线索，作用是肯定观察者刚才做的决定。其他额外的细节有时能让人感觉离最终目的地或中间目标更近了一点。为了获得安全感或者保证使用效率，这样的序列应该有足够的连续性，不能有太长的间隙，尽管有的节点会让细节变得模糊。这样的序列有助于人们识别和记忆。熟悉线路的观察者可以存储大量的点状意象，但是当序列颠倒或者被打乱时识别过程就会中断。

元素的相互关系

这些元素只是在城市尺度下形成环境意象的原材料。它们必须按一定的规则组合起来才能有令人满意的形态。前面的讨论已经涉及相似元素的组合（路网、地标簇、城区的拼接）。下面按道理来说应该考虑：不同的元素两两之间有什么关系。

这样的一对元素可能相互增强、形成共鸣，从而能增加各自的力量；或者相互冲突，毁掉自身。一个巨大的地标会让它所在的小块区域相形见绌，失去尺度。位置合适的话，另一个地标可能确定并加强核心区；如果偏离中心，地标就只会误导人，就像汉考克大厦和波士顿的科普利广场那样。兼有边界和道路特征的宽阔街道也许可以贯穿并从而展现一个区域，但同时又会分裂它。地标可能与一个城区的特征格格不入，会破坏区域的连续性，或者反过来也可能以反差来强化其连续性。

特别是城区，一般比其他的元素更大，其中包括并从而关联着各种道路、节点和地标。其他的元素不仅构成这个区域的内部结构，而且通过丰富和加深自己的特征从而加强整体特征。波士顿的灯塔区就是这样一个实例。实际上，结构和特征的组成部分（意象中我们感兴趣的组成部分）会随着观察者的层次上升而不断交替提升。例如，一个窗户的特征会参与构成识别一栋楼的开窗模式；而相互关联的建筑也会形成可辨识的空间，以此类推。

道路在很多个体意象中占据主导地位，而且是大都市区域尺度上主要的组织元素，所以往往与其他类型的元素有着密切的关系。连接节点自动出现在重要的路口和道路端点，并且通过其形态来加强行程中这些关键时刻的意象。反过来，这些节点不仅会得到地标的强化（例如科普利广场），而且可以提供场景来保证这些标志受到关注。此外，道路的特征和节奏不仅可以从自身的形态或节点连接处得到，还能从穿过的区域、经过的边界和沿线分布的地标中获得。

所有这些元素共同构成了文脉。研究不同元素组合的特征应该特别有趣：地标—区域、节点—道路等等。最后，人们应该超出这些元素组合区考虑整个环境格局。

很多观察者把他们意象中的元素归集成可以成为复合体的中间组织。观察者从整体上认识复合体，而它的组成部分是独立而且关系相对固定的。所以，波士顿人可以把后湾区大多数主要元素——波士顿公园、灯塔山和中心商业区——融合成一个复合体。根据第一章提到的布朗的实验，这整片区域便成为一个地点。对别的人来说，他们意象中的地点小多了，例如单单中心商业区和公园内侧边界本身就构成了地点。在复合体之外是特征的空隙，观察者会盲目地走向下一个整体，虽然只是暂时地。尽管实际上非常接近，但很多人都感觉到波士顿的办公和金融区与华盛顿街的中心商业区之间关系非常模糊。这种特殊的疏远也出现在斯克利广场与一个街区之隔的多克广场之间令人迷惑的缝隙中。两个地点之间的心理距离可能比实际的分隔要大得多，或者更难以逾越。

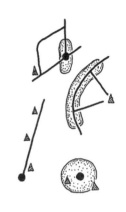

在研究的初步准备阶段，我们先关注部分而非整体是必要的。在成功区分并弄懂了各个部分之后，研究就能推进到考虑整个系统的阶段。研究表明，意象可能是连续的领域，干扰一个元素就会在一定程度上影响其他所有元素。甚至识别一个对象不仅要看对象本身的形式，还要看环境。重大的变形，比如波士顿公园形状的扭曲，会反映在整个波士顿的意象中。所以，大规模建设影响的不只是附近的环境。可是这样的区域作用还有待研究。

变动的意象

对整个环境的意象不是一个单一的、无所不包的意象，而应该是许多组在一定程度上相互重叠和相互关联的意象。它们大致按照涉及范围的大小，划分成许多层次；这样，观察者必要时可以从街道层面的意象逐渐上升到社区层面、城市层面乃至大都市区域层面的意象。

在宏大而复杂的环境中，分层处理是必要的。但它也会给观察带来额外的负担，特别是在不同层次之间缺乏联系时。如果一栋高楼在城市全景当中非常突出，但是在它的底层部分却很难识别，那么我们就不能通过这栋楼把两个层次的意象联系在一起。而灯塔山上的州议会大厦就能穿透多个意象层次，所以它在波士顿市中心的结构中占据着重要地位。

意象的区别不限于所涉及的范围大小，还有视点、时间和季节。从市场区看法纳尔大厦得到的意象，应该与从中央干道上的车里得到的意象有关。夜里的华盛顿街应该和白天的华盛顿街有着连续性，也有着元素的变化。为了避免感官的混淆、形成连续，很多观察者把意象中的视觉成分排除干净，只用"餐厅"或"第二街"这样的抽象概念。因为它们无论白天黑夜、开车走路，还是下雨晴天都可以使用，尽管会麻烦一些，并且会有一定的损失。

观察者还必须调整自己的意象，以适应周围现实世界的长期变化。洛杉矶的调查说明，意象在面临不断变化的现实时会引起实际的和情感上的忧虑。知道怎样在经历这些变化的过程中保持连续性是非常重要的。就像不同的组织层次之间需要联系一样，经历重大变化也需要保持连续性。这可以通过保留老树、道路路线或者区域特征实现。地图绘制的顺序似乎说明意象形成或发展是有多种方式的。

这也许与一个人最初在熟悉自己的环境时形成意象的方式有关。有几种方式比较明显。

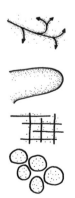

a. 非常常见的情况是，意象沿着熟悉的行动路线形成，然后再向外发展。这样，地图可能化成从一个入口分叉，或者从某条基准线（比如马萨诸塞大街）开始。

b. 有的地图是先画外围轮廓，然后再朝着中心不断填充，比如波士顿半岛。

c. 还有的一开始画出基本的重复图形（道路网格），然后再添加细节，比如洛杉矶。

d. 少数几个人是先画一组相邻的区域，然后再加入联系和内部细节。

e. 几位波士顿受访者从一个熟悉的内核出发，那是一个熟悉的密集元素，然后再将一切与其联系起来。

意象本身并不是准确的、按比例缩小的、提炼的现实世界模型，而是根据目的简化而成的。其中涉及真实元素的简化、删减甚至增加，还有融合和变形，并且联系和组织各个部分。只有经过重新排列或变形、"不合逻辑"，才能更好地满足其目的。它就像那幅著名卡通漫画上画的纽约人眼中的纽约。

无论怎样变形，意象中还是有个很强的元素，它与现实相比没有变形。就好像把地图画在弹性无限大的橡胶纸上，方向都扭曲了，距离都被拉长或缩短了，大的形态也变得都认不出来了。但是，这个顺序一般是对的，地图很少用烂，按照别的顺序缝回去。如果意象要有价值的话，连续性就是必需的。

意象的特性

对波士顿个体意象的研究表明，意象还有其他一些区分。比如说，同一个元素在不同的观察者心中的意象有不同的相对密度，即聚集细节的程度。有的相对比较密集，比如在意象图画中把纽伯里街每栋楼的长度、相对进深都画出来了；也可能比较稀疏，比如有的人把纽伯里街仅仅看成一条两边有用途混合的老房子的街道时。

另一个区分是具体的、感觉生动的意象和高度抽象、概括的、缺乏感觉内容的意象。所以，一栋建筑物的心理地图可以非常生动，把它的形状、颜色、纹理、细部都囊括在内；也可以比较抽象，比如那个建筑只是被识别成"一家饭店"或"街角过去第三栋楼"。生动的不一定密集，稀疏的也未必抽象。有的意象可能既密集又抽象，比如在那位出租车调度员对一条街道的认知中，他能说出每个街区各个楼号的楼是什么用途，却无法用具体的感觉

去描述那些楼。

意象还能根据结构性质进行区分：它们的各个部分分布或者相互关联的方式。在意象的结构精确性逐渐增加的过程中有四个阶段。

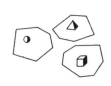

a. 各种元素都是独立自由的，没有任何结构或者各个部分之间毫无关联。我们找不到完全符合这个条件的例子，但是有很多意象确实是支离破碎的，当中有着巨大的空隙和没有任何关联的孤立元素。在这种情况中，没有外部帮助就不可能合理地运动，除非求助于对整个区域有系统的覆盖（那意味着要在这个阶段建立起新的结构）。

b. 另一种情况是，结构与位置联系起来，各部分虽然还是处于分离状态，但是根据相互之间的大体方向和相对距离产生粗略的联系。有位受访者总是把她自己与元素联系起来，却不知道元素之间有什么确切的联系。运动通过不停搜索来完成，朝着正确的大方向来回反复，通过估计距离修正走过的地方。

c. 最常见的情况也许是，结构不固定，各个部分相互之间有联系，但是比较松散而灵活，就像松垮垮的或弹性很大的带子。事件的顺序是确定的，但是心理地图可能有非常大的变形，而且在不同的时候变形还不一样。一位受访者是这样说的："我喜欢先考虑几个焦点和想好怎样从一个到另一个，至于其他的我就没必要了解了。"有了一个弹性结构后，行动就方便多了，因为是沿已知道路，按已知顺序行进的。但是，在关系不熟的元素之间运动，或者沿不熟悉的道路运动时，仍然非常容易搞错。

d. 随着关联越来越多，结构逐渐固定下来，各部分之间在各个方面都有稳固的联系，任何变形都是内部形成的。有了这样的地图，人们就能更自由地行动，能任意连接新的点。随着意象的密度越来越高，它就开始呈现出整个区域的特征，其中任意方向和距离的影响都是可能的。

这些结构的特征可以以不同的方式应用到不同层次中。例如，两个城市区域各自都有固定的内在结构，而且两者在某个接缝或节点上相连。但是，两者的连接可能与它们的内部结构没有任何关系，所以这个连接本身是易变的。例如，这种结果就发生在很多波士顿人意象中的斯克利广场。

整体结构还有另一种方式来区分。对于某些人而言，他们的意象是由一系列从一般到特殊的整体和部分在很短时间内组织而成的。这个组织具有静态地图的性质。联系是通过上升到必要的作为桥梁的一般性，然后又回到所需要的特殊性这样的过程产生的。比如，要从市医院到老北区教堂，一个人也许首先想到医院在南角区而南角区在波士顿市中心区，然后确定北角区在波士顿的位置以及教堂在北角区的位置。这样的意象可以称作分级意象。

而对别的人来说，意象是以更加动态的方式组合而成的，各部分是在时间序列中发生相互关联的（尽管时间非常短），整个意象就好像电影摄影机拍摄到的一样。它与穿行城市的实际体验有更密切的联系。这也许可以叫连续性结构，使用的是展开的相互关联而非静态的层级结构。

可以由此推论，最有价值的意象是那些最接近整体区域的意象：密集、固定而且生动，使用所有类型的元素和形态特征并没有小范围地聚集，可以根据情况需要而采用分级的方式或连续的方式组织起来。当然，我们可能会发现，这样的意象是稀有乃至不可能存在的，而且有些个人或文化类型是不能超出其基本能力的。所以，应该调整环境以适应文化类型，或者采取多种方式塑造环境以满足住在那里的居民多种多样的个人需求。

我们不断地尝试组织我们的环境，为其建立结构并识别它们。对不同的环境处理的程度不同。在重塑城市时，我们应该有可能赋予城市这样一种形态：方便人们组织意象，而不是阻挠。

第四章　城市形态

　　我们有机会把新城市塑造成可意象的景观:可见、协调而清晰。这一方面要求城市居民采取一种新的态度，而另一方面则要把环境塑造成这样的形式：能赏心悦目，在空间和时间上有着层次分明的结构，可以充当城市生活的象征。目前的这项研究取得了这个方面的一些线索。

　　一般被我们赞许为美丽的东西，比如一幅画或一棵树，都只有单一的用途。它们经过长久的发展历程或一种意志的影响，从细致的细部到整体结构之间有一种亲密的、眼睛可以见到的联系。城市的用途众多，结构不断变化，而且功能复杂，是很多人的双手用不同的速度建起来的。城市功能彻底专门化，或者结构完美地契合，是不现实且不可取的。所以，城市形态必须在一定程度上是不确定的，要能根据市民的目的和感觉而变化。

　　但是，有些基础功能是城市形态可以表达的：交通、主要的土地用途和关键的焦点。共同的希望和快乐、社区的感觉都是可以通过城市形态生动地表现出来的。最重要的是，如果环境的结构清晰可见，特点鲜明可辨，那么市民可以让其中充满内涵和联系。这样，城市将成为真正的**场所**，引人注目而且不会混淆。

　　举个简单的例子，佛罗伦萨是一个有着强烈个性并让很多人魂牵梦萦的城市。尽管很多外来者一开始觉得它严肃而冷峻，但是他们不能否认它给人的意象特别强烈。住在这个环境中，无论遇到什么样的经济或社会难题似乎都会让人的体验更加强烈,不论那是快乐、悲伤还是有归属感。

当然,这个城市经济、文化和政治的历史占了非常大的比重,那些随处可见的过去的见证足以赋予佛罗伦萨强烈的个性。但它也是一个结构清晰的城市。它位于群山环绕的阿尔诺河畔,群山和城市遥相呼应,视野开阔。南边,开阔的旷野差不多直通到城市中心,形成鲜明的对比,在一座陡峭的山上有一个观景台可以 图 34 让人俯瞰整个城市核心。北边,风景秀丽的山坡上,分布着小块的居住区,比如菲耶索莱和塞蒂尼亚诺。在这个城市明确地作为象征的中心兼交通中心,耸立着佛罗伦萨大教堂的穹顶,穹顶旁 图 33,见 79 页 边是乔托钟楼;城市的每个区,甚至出城几里都能看到这里,它为人们指示着方向。这个穹顶是佛罗伦萨的象征。

城市中心区的特征简直令人压抑:窄槽状的街道,石头铺成的路面;粉刷的高大石质建筑,灰黄的色调,百叶窗,铁格栅,入

图 34 从南方看佛罗伦萨

口如洞穴一般，以及佛罗伦萨特有的深屋檐。这一带有很多重要的节点，其独特的形态因为它们的特殊功能或使用者所属的阶级而得到加强。这里充满了各种地标，每个都有自己的名称和故事。阿诺河贯穿整个区，并将它与更大的景观连接到一起。

人们对这些清晰而个性十足的形态产生强烈的牵绊，不论是因为过去的历史还是因为自己的体验。每一处风景都个性十足，一眼就能辨别，而且让人产生潮水般的联想。各个部分相互契合。视觉环境成为居民生活中不可分割的部分。这个城市绝不是完美的，即使限定在可意象性的意义上。这个城市所有视觉上的成功也绝不是因为这一个性质。但是，这里会让人产生一种单纯的、油然而生的快乐，一种满足感、存在感和充实感，只需要看一眼这个城市或者在街上走一走就行了。

佛罗伦萨是个不一般的城市。的确，就算我们不再限于美国的范围之内，放眼全世界，这个高度可见的城市仍然有稀缺性。虽然可意象的村庄或城市区段多如牛毛，但是全世界也就二三十个城市能有完整的强烈意象。即便如此，这些城市的面积基本上也都只有几平方千米。虽然大都市已不是稀有现象了，但是全世界也没有哪个都市区能有强烈的视觉特征或者显而易见的结构。著名的城市都同样受到边缘毫无特色的无序蔓延之苦。

有人会问："那么，始终如一地可意象的大都市（或城市）是否真有可能存在？如果它存在的话，会受到赞扬吗？"由于没有实例，必须大量依赖假设或者推测过去的事件才能讨论下去。人们曾经就在面对新挑战时扩大过感觉的范围，所以没有理由说它再也不会发生。而且，现有的公路网也表明一种新的大规模组织是可能的。

而且在这个更大尺度上的可见形态的例子是可以举出的，虽然不是城市里的例子。很多人都可以想象一些最爱的风景，我们愿意在自己生活的环境中创造和那些风景一样的有区分度、结构清晰的形态。在去波吉邦西的路上看到的佛罗伦萨南部的风景，绵延好几千米，都有这种特征。山谷、山峦、小山丘形态各异，但是都融入一个共同的体系里。亚平宁山脉出现在北边和东边。地上一马平川，密集地种植着多种农作物——小麦、橄榄、葡萄——每一种都因为独特的颜色和形态而清晰可辨。每一块地的起伏都反映在田野、植被和道路的层次上了，所以有人说："这边是我的镇子，那边是另一个镇子。"通过自然特征的地理结构作向导，人们已经对自己的作为作出精致而可见的调整。这个整体属于一个景观，但是每个部分都能与它相邻的其他部分相区别。

新罕布什尔州的桑德维奇也可以作为一个例子。白山山脉延伸到波涛汹涌的梅里麦克和皮斯卡塔夸河源头。森林茂密的峭壁与山脚下起伏的、半是耕地的乡村形成鲜明对比。在南边，奥西比山是最后一个孤零零的山丘。许多高峰，例如乔克鲁阿山，都形态奇特。这使得山脚下开阔的平原"区间"整个都很清晰，具有奇特而强烈的"场所"感，与佛罗伦萨那样的城市中强烈的场所感非常像。当低地都开垦成耕地时，整个景观一定会有这种性质。

夏威夷可以看作一个有着异国风情的例子：险峻的山、色彩斑斓的岩石和悬崖峭壁，繁茂而奇特的花草树木，大海与陆地的对比，岛屿之间戏剧性的过渡。

当然，这些是我个人的例子，读者可以换成自己的。通常，这些例子都是强大的自然事件产生的，比如夏威夷;更常见的情况，比如意大利的托斯卡纳，是人类为了一贯的目的对连续的地质作用所产生的基础结构使用通用技术改造而成的。如果改造成功的话，那一定是认识到了自然资源和人类的目的之间的关系，以及它们的独特性。

作为人造世界，城市应该是最名副其实的:城市是由人工建造，并按照人的目的塑造的。适应环境并区别和组织呈现在我们感觉中的东西，是我们古老的习惯。生存和占据主导地位的基础就是感觉适应性。在自己的生活范围内，我们会开始让环境本身去适应人类的感觉规律和象征作用。

设计道路

提高城市环境的可意向性就是给它可见的个性和结构。前面分出来的元素——道路、边界、地标、节点和区域——是制造城市规模的坚固和有区分度的结构的材料。至于这些元素在真正可意象的环境里会有哪些特征，我们从前面的材料里能得到什么线索呢？

道路，通过城市复合体的习惯性路线或可能路线组成的网络，是用来组织整体的最有力工具。关键线路应该有某种独特的性质，能让它们从周围的道路中突出出来：在边缘聚集某种特殊功能或活动，特殊的空间性质，地面或立面采用特殊的材料，特殊的照明方式，独特的气味或声音组合，绿化种植的典型细节或方式。华盛顿街可能是因为密集的商业和窄槽一样的空间而出名，而联邦大街是因为中间的绿化隔离带。

这些特征应该用来赋予道路连续性。如果一种或多种特性能贯穿全线，那么这条路在人的意象中就是连续的、统一的元素。它可以是成荫的绿化树木，路面统一的颜色或纹理，或者两旁建筑立面古典的连续性。其中的规律性可以是有节奏的、重复的空间开口、纪念碑或者街角药店。日常出行集中于同一条线路沿线，比如公交路线，会加强这种熟悉、连续的意象。

这会引起道路的视觉分级，它与功能分级非常类似：在感觉中将重要通道及其作为连续的知觉元素的统一性凸显出来。这是城市意象的骨架。

动线应该有清楚的方向。人身上的"计算器"会因为一连串的拐弯或者舒缓却模糊却最终会发生重大方向改变的曲线受到干扰。威尼斯的道路（calli）或奥姆斯特德规划的街道一个接一个的拐弯，以及波士顿大西洋大街平缓的转弯，很快就能把人弄晕，除非是适应能力最强的观察者。直线道路当然有明确的方向，但是界线清晰的近似 90 度的拐弯也有，还有个别人转了很多小弯却从没有丢失基本方向。

观察者似乎能给道路一种指向或者不可反转的方向，而且用它通往的目的地来辨别街道。事实上，街道在人们的感知中就一直是朝向某物的。应该用突出的端点、渐变的或者有指向性的区别来强化这种感觉，这样它就会有一种前进的感觉，而相反方向则不同。常见的渐变是地面坡度，人们经常被指示"走上"或"走下"一条街，但是还有很多其他的东西，如逐渐增加的招牌、商铺和人为标明通往商业节点的路，种植的树木也可能有颜色或肌理的变化。街区越来越短，空间越来越狭窄，也可以表示城市中心越来越近了。非对称性也比较常用。也许有人可以按照"保持公园在左边"，或是"朝着金顶走"的方式前行。可以使用箭头，或者把朝着同一个方向的突出表面用一种颜色标记出来。所有这些方法都能把道路变成一个有方向的元素，不会有"走反方向"的可能。

如果道路沿线的各个位置可以用可度量的方式区分，那么这条道路不仅是有方向的，而且是有度量的。通常门牌号就是这样一种手段。更具体一点的方法就是，在线路上标出可识别的点，这样其他地方就可以当成在某点"之前"或"之后"。参照点越多就越能提高位置精度。或者，一种特征（比如走廊空间）可能按照一定的速率有梯度的变化，变化本身就是一种可识别的形态。那么，有人可以说某个地方"就在快到这条街骤然变窄的地方"或者"在最后一个坡下的山肩"。行动者不仅会觉得"我现在走的方向正确"，而且"就快到了"。旅途中有这样一系列的特别事件，到达并越过一个又一个的小目标，这段旅途本身会获得意义并成为独特的体验。

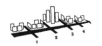

观察者会对道路沿线明显的"动感"特征或运动的感觉产生意象，甚至在梦里：转弯、上坡、下坡。特别是在快速穿过一条路时尤其如此。朝向市中心的大段的下坡曲线可以产生令人难忘的意象。触觉和惯性的感觉进入对运动的感觉，而视觉却占据着主导地位。沿线的物体可以排列得让运动视差或透视的效果更加强烈，或者前方的路线让人一目了然。移动路线的动感形态会赋予

道路个性，并且随着时间推移会产生连续的体验。

　　道路整体或其终点在视觉中出现能够加强它的意象。一座大桥或许能做到这一点，因为大桥上有轴向的大街、内凹的轮廓、远方终点的轮廓。街旁的高大地标或其他提示可以让道路更明显。重要交通线清晰地呈现在眼前，可以成为基本城市功能的象征。反过来，如果道路可以向旅途中的人展示其他的城市元素，穿透或略过它们，如果能为路经的元素提供线索或符号，那么道路的体验会得到加强。例如，地铁不是被埋在地下，它也可能会迅速穿过商业区，或者其站点本身的形态和本质可能会让人想起上面的城市。道路的形状可以设计得让交通流动本身更加清晰可见：岔道、坡道、盘旋道，可以让车流在其中自由驰骋。所有这些都是拓宽出行者视野的方法。

　　通常，城市的结构是由一系列有组织的道路构成的。在这样的道路系统中，关键点是交叉路口，是道路连接和人在运动中作决定的地方。如果能清楚地看见，如果路口本身就可以形成清晰的意象，如果两条道路之间的联系表现得非常清楚，那么观察者心里就可以建立一个满意的城市结构。波士顿公园广场是主要地面街道的一个模糊的交会点；艾灵顿街和联邦街的交会点则清晰而鲜明。地铁站普遍都没有这种清晰的视觉交会点。所以，要解释清楚现代道路系统中复杂的交叉关系必须特别注意。

　　两条以上道路的交点通常难以概念化。道路的结构必须在形式上有一定的简单性，才能形成清晰的意象。我们需要的简单性是拓扑结构上的而非几何意义上的，所以一个不规则却近似直角的路口就比一个精确的三岔路口更好。这种简单结构包括：平行的或纺锤形，一条、两条或三条横向的岔路，矩形或几条轴线连接在一起。

　　道路的意象也可以不是某些元素的具体分布形状，而可能是没有明确任何一条具体道路却能清楚地展现所有道路关系的道路网。由这个条件可以推测，道路网应该是有某种一致性的网格，不论是方向的一致、结构关系的一致还是间隔的一致。纯粹的网格三种性质都有，但是方向和结构稳定就能给人留下深刻印象。如果按照拓扑学或者指南针方向规划的所有道路在视觉上都是可以相互区分的，那么印象就会更清晰。所以，曼哈顿的街道之间的空间差异是很有用的。颜色、绿化或细节都是同样有用的。把路网中的空间、地形或细节的梯度进行命名和编号，都能赋予道路网格一种行进感甚至尺度感。

最后还有一种组织一条或一组道路的方法。这种方法在交通跨越范围大、运行速度快的世界将越来越重要。我们可以称之为"旋律"式（取自音乐里的意思）组织。道路沿线周边的事件和特征——地标、空间变换、动态感觉——可以像旋律线一样组织，以一种要经过相当长的时间段才能体验的形式被人感知和形成意象。由于意象应该是对整个旋律而不是对一些独立音符的，所以它应该更包容，而不是太苛刻。所以，这种形式或许是经典的前奏——间奏——高潮——结尾的顺序，或者可以有更加微妙的形式，比如那些略去结尾的形式。跨过海湾朝着旧金山前进的行程就有点像这种旋律式的组织。这种方法为设计发展和实验提供了广阔的空间。

其他元素的设计

边界和道路一样，也要求在延伸的整个范围内有一定的形式连续性。例如，商业区的边界可能比较重要，但是在实地很难找到，因为它没有可识别的连续形式。同样，边界如果从遥远的侧面还能看到，标志着鲜明的区域特征变化，或清晰地连接两块有界区域，那么它就会得到加强。所以，中世纪城市在城墙边上终止，中央公园摩天大楼公寓的外立面，海滨区水和陆地之间明显的过渡，都是有力的视觉印象。

当两个对比强烈的区域处于相邻的位置时，它们的交界就能清晰可见，很容易引起注意。特别是当两个区域在本质上并没有

鲜明区分时，区别一条边界的两侧，让观察者分清"内外"是很有用的。可以借助有对比性的材料、连续一致的凹线或者绿化来实现。或者可以通过梯度变化，间隔处的可识别点或者将其中一端与另一端区别开，将边界塑造成能为周边提示方向的形态。如果边界不是连续的，也不是自我封闭的，那么它的两端就**应该有**确定的端点，以及能够补充和确定这条边界位置的可识别锚点。波士顿滨水区的意象，通常并不是沿查尔斯河连续的，两头又没有可感知的锚点，结果成为整个波士顿意象中一个不明确的模糊元素。

如果允许视线运动穿透的话，边界有时可能不是单纯的屏障。如果它在一定程度上仍然是由两侧的区域构成的，那么它将成为一条接缝而非一道障碍，是一条交流的线，两块区域沿着它被连在一起。

如果一条重要边界，被赋予了和城市其他部分之间视觉和交通的联系，那么其他一切都可以参照它进行排列。要增加边界的可见度，可以提升它的可通达性或增加它的用途，让人们更多地接近它、使用它，就像在水滨开辟交通线路或娱乐区一样；或者建造高高的边界，让它在很远就能被人看到。

一个成功的地标最必不可少的特征就是独特性，就是它与环境或背景的对比。它可以是低矮屋顶当中的高塔，紧靠石墙生长的鲜花，暗淡的街道中明亮的表面，商铺之中的教堂，连续立面当中的一块突起。凸出的空间位置特别能引起注意。对地标与其环境的控制也是需要的：将符号限制在特定的表面，仅对一栋建筑例外的高度限制。如果对象有清晰的一般形态，比如圆柱体或球体，它也更能引人注目。如果它还拥有丰富的细节或纹理，那肯定能吸引眼球。

地标不一定特别大，它可以是穹顶也可以是个门把手。但它的位置至关重要：如果比较大或高，它的位置必须能让人看见；如果比较小，应该放到能受到更多关注的位置，例如地面或者建筑立面中与眼睛平视（或略低）的位置。我们的访谈表明，路线选

择点附近的普通建筑能被人清楚地记得，而连续路线中有特色的
建筑可能会被忽视。地标如果能在更大的时间和距离范围内被看
到的话，就会更强烈；如果能区别视线方向的话，就会更有用。如
果不论远近，不管运动得快或慢，白天还是黑夜，都能被识别的
话，它就会成为对复杂而变动不定的城市世界感知中一个稳定的
锚点。

当地标同时也是联系的集中点时，其意象强度会提升。如果
这栋特别的建筑是历史事件的发生地，或者如果那扇颜色显眼的
门是你自己的，那么它确实会成为一个地标。甚至取个名字都会
有力量，只要那个名字是人尽皆知并一致接受的。如果我们把环
境变得有意义，这种联系就必然会与可意象性相结合。

孤立的地标（如果不占主导地位）很可能只是很弱的参照物。
要识别它们需要持久的注意力。然而，如果它们聚集成团的话，
就会相互加强，产生 1+1>2 的效果。熟悉环境的观察者可以从并
不被看好的材料中发展出地标簇，并依靠一组不可分割的符号，
其中各个组成成员都太微弱而无法引起注意。这些符号也可以按
照连续序列排列，使得整个行程都因为一连串熟悉的细节而变得
印象清晰并且令人心情愉快。令人晕头转向的威尼斯街道，在走
过一两次之后就变得来去自如了，因为那些街道充满了特别的细
节，能让人很快按顺序组织起来。还有一种少见的情况，地标可
能按照一定的规律组织，其中地标本身具有形态，而且可能通过
外观表明看它们的视线方向。佛罗伦萨大教堂和钟楼组成的地标
对，就是以这种方式像跳舞一般彼此围绕的。

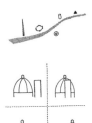

节点是我们的城市中概念上的锚定点。但是，美国极少有城
市节点拥有合适的形态来支撑这样的注意力，它们大多只是活动
的集中地。

节点的形态要实现这种感觉上的支持，首要的条件就是通过
其独特而连续的墙、地面、细部、照明、绿化、地形或天际线来
获得自身的特征。这类元素的本质在于它是有特色的、令人难忘
的**场所**，不会跟别的任何东西混淆。使用强度会加强它的特征，

而且有时候使用强度能创造特色鲜明的视觉形态，比如像时代广场那样。但是，我们周围缺乏这种视觉特征的购物中心和交通中转点。

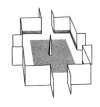

如果节点有清晰、封闭的界线，而且各个方向的边界都不会莫名其妙地变模糊，那么它就会更加清晰。如果有一两个吸引注意力的焦点在它的旁边，它就更引人注目……但是，如果能有清晰的空间形态，它就会是不可抗拒的。这就是经典意义上的形成静态户外空间的方式，而且有很多种表现和确定这样一个空间的手法：透明、重叠、光照控制、透视、表面渐变、封闭、连接以及运动规律和声音等等。

如果节点同时也是交通中转点或者道路上的决策点，那么它就会受到更多的关注。道路和节点的相交处一定是可见而且有表现力的，就像道路交叉口。出行的人必须看清楚自己是怎么进入节点的，中断在哪里出现，自己要怎么走出去。

这些密集的点可以通过辐射把周围大片的城区组织起来，前提是它们的出现在周围的环境中比较显眼。功能或其他特征的渐变可以指向节点，它的空间是不是可以从外部看到，或者其中可能包含高高的地标。佛罗伦萨以这种方式聚焦到两个重大节点上——大教堂和佛罗伦萨旧宫。节点会发出富有特色的光或声音，它的存在会在腹地通过象征性的细节表现出来，这也呼应了节点本身的某种性质。一个区域里的几棵无花果树，可以揭示出一个因大量种植这些树木而出名的广场就在附近。鹅卵石铺成的人行道会通往一片用鹅卵石铺的场地。

如果节点内部有局部的方向性——"上"或"下"，"左"或"右"，"前"或"后"——那么它们就能联系到一个更大的定向系统。当熟悉的道路进入一个清晰的连接点，它们就会形成清晰的联系。在两种情况中，观察者都能感觉到他周围城市结构的存在，而这个地方本身的特殊性也因为与整体意象的反差而得到增强。

将一系列节点组织起来并形成一个有关联的结构是可能的。它们可以通过相邻的位置，或者通过让它们相互可见（就像佛罗伦萨的圣马可广场和萨蒂西玛·安努兹亚塔那样）而联系起来。可以让它们与一条道路或边界处于某种共同的关系，被一个短的连接元素连在一起，或者通过两者当中某种特征的相互辉映而发生联系。这些联系可以将大片城市区域组织起来。

　　城市区域，在最简单的意义上，就是一片具有同质化特征的区域。它通过在整个区域中连续不断而在其他地方发生中断的线索得到识别。这种同质性可以是空间特征的，比如灯塔山区的狭窄而倾斜的街道；可以是建筑类型的，比如南角区正立面突出的联排住宅；也可以是风格或地形的。它可以是典型的建造特征，比如巴尔的摩的白色门廊；可以是颜色、纹理、材料、地面、尺度、立面细部、照明、绿化或位置的连续性。这些特征重复得越多，一个统一区域的印象就会越强烈。似乎其中三四种特征组成的"主题单元"在限定一片区域时特别有用，比如灯塔山区狭窄的斜坡街道、砖铺路面、小尺度的排屋和凹进的门廊。这些特征中有些可以固定在一个区域保持不变，而其他的可以随意变换。

　　实体特征的同质与用途、地位一致时，能产生不可能搞错的印象。灯塔山的视觉特征直接因为其上流社会住宅区的地位得到加强。不过在美国更常见的情况与此相反：功能特征极少得到视觉特征的支持。

　　区域还可以因为其边界明确和封闭而更清晰。位于哥伦比亚角的一个波士顿住房项目具有小岛一样的特征，这在社会学意义上不可取但是在感觉上是非常清晰的。任何一个小岛，实际上都因为这个特征而有着迷人的特殊性。如果这样的区域整体都是可见的，就像通过从高处俯瞰或看远处的全景，或者通过场地的凸起或凹陷得到的那样，那么它的独立性就是确定的。

　　区域内部还可以划分结构。其中可能有次一级的区域，内部各有差别而服从整体；节点能通过梯度变化或其他的线索将结构辐射到周边；还有内部道路的格局。后湾区的结构体现在以字母命名的街道组成的网络中，而且一般都显得清晰、毫不含混，在很多手绘的地图中都被放大了。所以说，一个有清晰结构的区域很

可能会有更生动的意象。而且，它可以告诉当地居民的不仅仅是
"你在 X 内的某处"，而是"你在 X 内，Y 附近"。

内部有了适当的区分，一个区域就能表达它与其他城市特征
的联系。此时的界线一定是可以穿越的：是接缝而不是屏障。地区
之间可以通过相邻、互相可见、与同一条线的关系或其他联系连
接起来，比如一个中间节点、道路或小块区域。灯塔山区域与大
都市核心区通过波士顿公园的空间联系起来，这使得这片区域获
得了大量关注。这样的联系加强了每个区域的特征，并把大片城
市区域连接在一起。

可以设想，也许有这样的区域，仅仅由同样的空间特征所构
成，但事实上是一个真正的空间区域，是有结构的空间形态的连
续体。在最原始的意义上，像河流开口这样的大型城市空间就具
有这种本性。空间区域与空间节点（比如一个广场）能被区分开，
因为区域不能被快速地一览而过。它只能让人通过比较久的路程
去体验其中有规律的空间变化。也许，北京层层递进的院落或者
阿姆斯特丹的运河区域，都有这种特性。也许它们能唤起强有力
的意象。

形态特性

这些城市设计的思路还可以用另一种方式来概括，因为有些
共同的主题贯穿始终：我们反复提及一些一般性实体特征。那些是
与设计有直接关联的，因为它们描述的性质是设计师可以操作的。
它们可以总结如下。

1. 独特性或形体 – 背景清晰性：边界的清晰性（城市开发区终
止）；封闭（比如闭合广场）；表面、形式、强度、复杂度、规模、
用途、空间位置的反差（比如，独立的塔、丰富的装饰、闪亮的
招牌）。这种反差是与直接可见的周边环境或者观察者的经验相比
较形成的。这种反差是识别一个元素的性质，能让元素更加引人

注目、生动、易于识别。随着熟悉程度增加，观察者似乎越来越少地依靠实体的连续性来组织整体，而且能从使景象变得生动的反差和独特性中找到越来越多的乐趣。

2. 形态简单性：可见形式几何意义上的清晰性和简单性，对组成部分的限定性（比如一个网格系统、一个矩形或一个穹顶的清晰性）。有这种本性的形态更容易被整合进意象中，而且有证据表明观察者会将复杂的事物变形为简单的图形，即使要付出一定感觉和实践的代价。当一个元素不能作为一个整体同时可见时，它的形状可能是简单形状的拓扑变形，但是非常好懂。

3. 连续性：边界或表面的持续（比如在街道、天际线或退让线）；部分相近（比如一群建筑）；节奏的间隔重复（比如街角的规律）；表面、形状或功能的相似、类比或协调（相同的建筑材料、凸窗的重复规律、市场功能的相似性、共同符号的使用）。这些性质都有助于把复杂的物理世界当成一个整体的或有内在联系的对象进行感知，而且能为其赋予独一无二的个性。

4. 主导性：在尺度、强度或兴趣等方面，让一个部分完全压倒其余部分，得到对整体的理解：一个主要特征加上关联的簇（就像"哈佛广场区域"）。主导性和连续性一样，都允许通过省略和合并对意象进行必要的简化。实体特征，只要被人注意了，似乎就会在某种程度上将其意象从中心向外辐射。

5. 连接的清晰性：连接点和接缝具有高度可见性（比如重要交叉路口或者海滨）；清晰的关系和相互联系（比如建筑和场地的关系，或者地铁站与其上方街道的关系）。这些连接点是结构中的关键点，应该让人清楚地感知到。

6. 方向区别：利用不对称、梯度变化和离心的参照物将一端与另一端相区别（比如一条上山的路，远离海边，朝向城市中心），或者区分两侧（例如建筑正面朝公园），或者区别不同的指南针方向（比如通过日照或南北向大街的宽度）。这些性质在更大尺度的组织中经常用到。

7. 视野：实际上或者在象征意义上增加视线的广度和深度。其

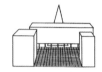

中包括通透（比如使用玻璃或被高高架起的建筑），重叠（当结构出现在其他结构后面），能增加视野深度的远景和全景（比如在轴向街道上、宽阔的开放空间、高处的鸟瞰），能在视觉上把空间交代清楚的解释性元素（焦点、测量杆、有穿透性的目标），将远处的目标暴露在视线中的凹线（比如背景中的山或者弯曲的街道），让元素暴露出来的线索（比如看见要到的区域里特有的活动，或者使用特别的细节来暗示与另一元素的距离）。所有这些相关性质通过提高视觉的性能都有助于把握广大而复杂的整体，包括提高广度、深度和解析度。

8.运动感知：通过视觉或动态感觉，让观察者感觉到自己实际或潜在运动的性质，比如提高斜坡、曲线和互相贯通的清晰度，赋予视差和透视体验，维持方向或方向转换的一致性，或使用让距离间隔可见的工具。由于城市是人们在运动中感知的，所以这些性质非常基础，只要足够协调，它们就能用来组织甚至识别（比如，"先左走，然后右走"，"在急转弯的地方"，或者"沿这条街走三个街区"）。这些性质让观察者更好地了解方向和距离，以及感觉运动本身的形态。随着速度越来越快，这些手段还需要在现代城市中进一步发展。

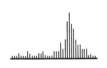

9.时间序列：随着时间推移而感觉到的序列，既包括简单的前后相续关系——元素简单地与它前后的两个元素编织在一起（就像细部地标的随意序列），也包括真正有时间结构的从而在本质上是旋律式的序列（地标随着中心点的接近，形态强度不断增加）。前者（简单序列）非常常见，特别是在熟悉的道路上。旋律式的序列比较少见，但是在动态的现代大都市中发展这种序列是极为重要的。在这里，形成意象的是正在展开的元素格局，而不是元素本身——就像我们记住的是旋律而不是音符那样。在复杂环境中，甚至可能使用对位的手法：相反的乐曲或节奏的移动方式。有些非常复杂的方法，必须有意识地开发。我们需要在时间连续形态的理论方面有新的想法，并且提出新的设计原型来展现意象元素的旋律式序列，或者空间、肌理、运动、光照和位置的有形的

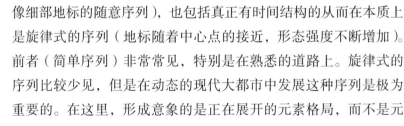

接续。

10. 名称与内涵：可以加强元素可意象性的非实体特征。例如，名称对于个性清晰化很重要。它们时常提供位置线索（比如北站）。命名系统（比如按字母排列的街道）也有助于形成元素的结构。内涵和关联，无论是社会的、历史的、功能的、经济的还是个体的，在我们讨论的实体性质之外，组成完整的领域。它们虽然可能隐藏在实体形态背后，但是对特征或结构的提示可以起到很大的加强作用。

上面提到的所有性质都不能单独发挥作用。只有一种性质（比如只有建筑材料的连续性而没有其他共同特征），或者性质冲突（比如两个区域有同样的建筑类型，但是功能不一样），整体效果就会很弱，或者需要费力地识别和组织。一定数量的重复、冗余和加强似乎是必要的。所以，如果一个区域有简单的形态、连续的建筑类型和功能，在城市中独一无二、边界清晰、与邻近区域有清晰的连接而且视觉上比较突出，那么它就一定是无法混淆的。

整体的感觉

在借助元素类型讨论设计时，容易跳过部分之间的关系。在这样的整体中，道路展现并造就了区域，并且把不同的节点联系在一起。节点连接并划分不同的道路，而边界划定出区域，地标则标出区域核心。正是这些元素的整体编排才能让它们交织成密集而生动的意象，并在大都市尺度范围内维持和延伸。

这五类元素——道路、边界、区域、节点和地标——必须仅仅看作方便使用的经验范畴，只有根据或围绕它们才有可能把大量信息组织起来。它们的作用是充当设计师的基本材料。掌握了它们的特点之后，设计师的任务就是将它们组织为一个整体。这个整体被人按一定的顺序感知，其中各个部分只能在所处的具体环境中被感知。假设设计师要沿一条路布置 10 个地标，那么其中每一个都会比它单独挺立在城市中心更加突出。

　　设计师应该精心处理形态，让大城市的多重意象保持连贯——白天的和晚上的、冬天的和夏天的、近的和远的、静态的和动态的、专注的和心不在焉的。主要的地标、区域、节点或道路应该在不同的条件下都容易识别，而且是形成具体的感性的意象，而不是抽象的模糊的意象。这不是说意象在任何情况下都必须保持不变。不过，如果雪中的路易斯堡广场和仲夏的路易斯堡是一个样子，或者夜晚亮灯后的州议会大厦穹顶能让人想起它白天时的形象，那么每个意象中的反差，会因为这个共同联系而让人能更加清晰地品味到。人们现在只有通过这一种途径才有可能把很不一样的城市景观结合在一起，并由此进而掌握整个城市范围，那就是让整体范围的印象达到理想状态。

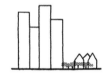

　　复杂的现代城市需要连续性做弥补，但它也为人们带来极大的乐趣——单个特征的对比和特殊性。我们的研究表明，随着熟悉程度提高，人们的注意力会越来越多地集中到细节和独特之处。清晰生动的元素并且准确地与功能和符号对比相一致，将有助于加强这种特征。如果在差异鲜明的对象之间引入紧密而容易产生意象的关系，对比就会得到进一步加强。这样，每个元素的特征也会更加突出。

　　确实，良好的视觉环境不只是用来方便日常出行的，也不是为了支撑已有的意蕴和感觉的。它还有一个重要的功能，那就是为新的探索充当向导和刺激。在一个复杂的社会里，需要掌握很多相互关系。在民主社会中，我们反对孤立，赞扬个人发展，期盼不同群体之间的交流不断拓宽。如果一个陌生的环境有突出的可见框架和非常有特点的部分，那么探索它就会更加容易而且更吸引人。如果交往的重要联系（比如博物馆、图书馆或集会场所）很鲜明地展现在人们眼前，那么那些本来会忽略它们的人也许会忍不住进去看看。

　　作为基础的地形、早已存在的自然环境，或许在可意象性中的地位并不如从前那么重要了。现代都市的密度，还有范围和复杂的技术，都会让人忽略它。当代城市区域的人造特征和问题在人们眼中的重要性常常超出场地的特点。更准确的说法是，场地的特征现在或许是人类的活动和愿望以及原有地理结构的共同产物。此外，随着城市扩张，重要的"自然"因素将是那些更大、更基础性的，而不在于那些小的细枝末节。尽管如此，地形仍然是加强城市元素力量的重要元素：险峻的山峦可以限定区域，河流和堤岸可以形成突出的边界，节点可以因为处在地形中的关键位置而得到确认。现代高速公路是掌握广阔范围的地形结构的绝佳视点。

城市不是为了一个人而是为很多人而建的，那些人有不同的背景、性格、职业和阶层。我们的分析表明，不同的人组织城市的方式、依赖的元素，以及最适合他们的形态特性有很大的不同。所以，设计者必须创造有尽可能丰富的道路、边界、地标、节点和区域的城市，利用不只一两种而是全部形态特性。这样的话，不同的观察者都能找到适合他们观察世界的独特方式的感觉材料。有人通过砖铺路面认出一条街，而有人则记住了这条街的曲线，还有人可能找到沿线的许多小型地标。

此外，过于专门的可视形态会有一定的隐患，而且感觉环境需要一定的可塑性。如果只有一条主要路线能通到某个目的地，只有少数几个中心焦点或者数量固定而且严格分离的区域，那就会只有唯一一种形成城市意象的方式。这种方式不能满足所有人的需要，甚至可能连一个人的需要都满足不了，因为每个人的需要也会随时间变化。这样一来，不按常规路线走就会让人感到窘迫，人与人之间的关系也会逐渐疏远；整个景观会变得单调或非常有局限性。

波士顿受访者选择途经的区域被我们认为是良好组织的标志，那些区域似乎可以让人非常自由地行动。或许市民们在那些地方左右逢源，任意路线都有明确的结构并且易于辨认。如此一来，在其上叠加一个由清晰可辨的边界组成的网络也会保留同样的效果，这样就可以根据品味和需要在其中划分出大大小小的区域。

节点组织的特征主要体现在中心焦点上，在边缘处可以变动。所以，它相比于边界组织就有灵活性的优势，后者在区域形状变化时就会崩溃。所以，维持一些重要的常见形态是很重要的：突出的节点、关键道路或者分布较广的区域同质性。但是在大的框架之内，应该有一定的可塑性，结构和线索应当丰富，这样才能让个体观察者形成自己的意象：能与人交流、安全而且充分，并能适应和结合自己的需求。

市民现在搬家要比从前频繁得多，他们会搬到另一个区域甚至另一个城市。环境中好的可意象性可以让人很快就有家的感觉，而越来越少地依赖长期的经验累积。城市环境本身就在快速变化，技术手段和功能也是。这些变化经常会破坏市民的情绪，打乱人们的感觉印象。本章的设计手法经证明在出现重大变化时能够有效地维持可视结构和连续性。比如，把某些地标或节点保留下来，将区域特征的主题单元传递到新结构当中，将道路维持下去或者暂时保留。

大都市形态

大都市区域不断扩大的规模以及我们越来越快的穿行速度，给感觉带来了很多新难题。大都市区域现在是我们环境的功能单元，这种功能单元最好能够让居民容易识别和看清结构。新的交通方式让我们能在一片广大的相互依存的区域中生活和工作，并形成与我们的经验相称的意象。这种跳跃到新的注意层次的现象原来也发生过，当时的跳跃发生在生活的功能性组织上。

像大都市区这种广阔区域的整体，其可意象性并不意味着在每个点上都有相同的意象强度。其中也会有主导性的形状和更广阔的背景，更多的焦点和连接组织。但是，无轮强烈还是温和，每个部分都应该清晰，并与整体有明确的联系。我们可以猜测，大都市的意象由这样一些元素构成：高速公路、公交线路或航空路

线；以水或开放空间为粗略边界的巨大区域；大型商业节点；基本
地形特征；或许还有大型的、遥远的地标。

　　然而，要为这样的整块区域勾勒出一个结构还是非常困难的。
有两种我们比较熟悉的方法。第一种是将整个区域按照静态层级
结构来组织。比如，它可以划分成三个次级区域，而每个次级区
域又被划分成再次一级的区域，以此类推。或者，另一种层级结
构，这个区域每个部分都有一个小节点，这些小节点围绕一个大
的节点分布，而所有的大节点的排列方式会突出唯一一个整片区
域的主要节点。

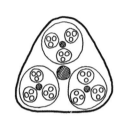

　　第二种方法是选择一两个非常大的主导元素，其他次要的东
西能与之联系起来。例如，海岸的定居点，或者依靠一条基本交
通干线的线形小镇的设计。一片大的环境甚至可以与一个非常有
力的地标，比如中部的山丘，产生径向的联系。

　　两种方法似乎都不足以解决大都市的难题。层级体系虽然很
符合我们抽象思维的习惯，但是会否定大都市中各种联系的自由
和复杂性。所有的联系都必须以迂回的、概念性的方式形成：先上
升到一般性然后回到特殊，尽管作为桥梁的一般性可能和真正的
联系毫无关系。这是图书馆式的统一，而图书馆需要经常使用庞
大的交叉引用系统。

　　依靠一个有力的主导元素，虽然能让人更直接地感觉到关系
和连续性，但是在环境规模扩大时就会变得困难，因为那需要找
到一个尺寸足够大的主导元素，并且要有足够大的"表面积"才
能让所有的次要元素与之发生足够亲密的联系。所以，就像说要
有一条弯曲的大河才能让所有的定居者居住在附近。

　　尽管如此，它们仍然是两种可能的方法，研究两者在统一大
环境中取得的成功是很有益处的。乘飞机出行可以再次将问题简
化，因为从感觉的角度来说，那是一种静态而非动态的体验，给
人一个把大都市区域一览而尽的机会。

　　但是，鉴于我们现在体验广阔城市区域的方法，还有第三种
组织方法：序列的组织方法，或者时间模式。在音乐、戏剧、文学

或舞蹈中，这是一个很常见的概念。所以，沿着一条线去想象和研究事件序列的形态会更方便，比如城市公路上的旅行者会遇见的一连串元素。只要花一些精力和使用合适的工具，这种经验就会变得有意义而且有条理。

这种方法还可以解决可逆性问题，即很多道路是双向通行的。无论按照正向还是反向的顺序，一系列元素一定都有序列的形式，这可以用围绕中点对称或更精巧的方法解决。但是这个城市问题仍然会带来困难。序列不但是可逆的，而且能在很多个点上被打破。一个精心编排的序列，从引子开始，到展开，发展到高潮，最后结尾，可如果有司机直接从高潮点进入，这个序列就彻底失效了。所以，有必要寻找不可打断的序列和可逆序列，即就算在不同的点闯入仍然会有充足的可意象性，这与杂志连载故事很像。这可能让我们从传统的开始、高潮、结束的形式转换到类似爵士乐的模式，本质上没有终结，并且连贯而富有变化。

以上考虑的主要是沿着一条线运动的组织，而城市区域应该是由这种有组织的序列所组成的网络。所有提出的形式都要经过检验：看其中的每条主要道路是否无论从哪个方向行进或者从哪个进入点开始都有一个成形的元素序列。当道路具有某种简单模式时，比如径向聚焦，这就是可能的。如果网络是弥散的、相互穿插的，就像网格那样，那么形成意象就会更困难。这种情形中的序列在地图上可以沿四个方向发展。虽然处在更精细的尺度上，但它与在一个街道网络中设定渐进式红绿灯系统的时间间隔很接近。

甚至还可以设想沿着这些线路设置对位点，或者从一条线转到另一条线。一个元素序列或者"旋律"，可以按照逆序演奏。然而，这样的手法或许要等到有更专心和更有评论眼光的观众时才能运用。

即使是这个动态方法，形成序列网络的组织，似乎也不太理想。环境仍然没能被当成一个整体处理，而是被当作许多部分（序列）的组合，只不过各个部分的排列使它们不会相互干涉。从

直觉上讲，人们可以想象或许有办法创造一个完整的模式，这个
模式只能被循序渐进地感觉并且被连续的经验发展、颠倒或打乱。
虽然感觉像一个整体，但是它不必成为高度统一、具有单一中心
或隔离边界的模式。最重要的性质就是每个部分与下一个部分之
间要有序列连续性，在任何层次或任何方向上都有互联性。应该
会有这样的特殊区域，任何一个人都会有更强烈的感觉，结构也
显得更清晰，但是这个区域是连续的，在人们的意象里可以以任
意顺序穿行。这种可能性只是猜测的，我还没想到满意的具体
的例子。

　　或许这种整体的结构不可能存在。那样的话，前面提到的三
种方法对于大片区域的组织仍然是可行的方法：分层级、主导元素
或者序列网络。但愿这些方法是我们现在为了其他理由而寻求的
大都市的规划控制所需要的，不过这一点也有待考察。

设计过程

　　任何一个目前运行良好的城市区域都有其结构和特征，即使
非常不明显。泽西市其实离纯粹的混乱很遥远，若非如此，它将
无法居住。潜在的有力意象差不多总是隐藏在环境当中，就像泽
西市的佩利塞德岩壁、半岛的形状和与曼哈顿的关系。一个常见
的难题是，改造现有环境，即发现并保留其中的有力意象，消除
感知困难的现象，还有最重要的一点是，把混淆中潜藏的结构和
特征挖掘出来。

　　有时候设计者会面临创造新意象的任务，比如对城市进行大
量再开发活动时。这个问题在大都市区域向郊区扩张中尤其重要，
大量全新的景观在感觉中必须是有组织的。自然特征已经不足以
指导结构，因为施加给自然的开发强度和规模都太大了。按照现
在的建设节奏，没有时间让形态慢慢适应那些次要的、个人化的
力量。因此，我们要比原来更加依靠有意识的设计——为了感觉

的目的主动而深思熟虑地操纵世界。尽管有丰富的城市设计先例，但是现在必须在与原来完全不一样的空间和时间尺度上开展工作。

这些塑造或重塑工作应该由城市或大都市区的"视觉规划"来指导：与城市尺度的视觉形态相关的一组建议和管控方法。要拟定这样的规划，可以使用支撑起这项研究的那些方法（将在附录 B 中详细讨论），先对这片区域的现有形态和公共印象进行分析。分析借助一系列图表和报告说明重要的公共印象、基本的视觉问题和解决办法、重要的印象元素及其相互关系，以及元素详细的特性和改变的可能性。

用这一分析为背景却又不受限于此，设计者可以着手形成一份城市尺度的视觉规划，其目的是强化公共印象。规划可以在指定位置增加新地标或者保留原有地标，形成道路的视觉等级，建立区域的主题单元，创建或理清节点。最重要的是，该规划会处理元素之间的相互关系、运动中的感受以及城市作为整体的可视形态的认知。

除了在关键位置外，重大的实体变化不能仅仅从美学角度考虑。但是，视觉规划可能会影响因其他理由出现的实体变化的形态。这样的规划应该融入区域其他方面的规划，成为综合规划以及不可缺少的部分。和综合规划的其他组成部分一样，视觉规划也将处于不断修改和发展的状态。

在城市尺度上实现视觉形态的那些管控包含从总体的功能分区规定、咨询评审和对私人设计的管理，到对关键点的严格控制和对公路或市政建筑等公共设施的主动设计。这些方法原则上与追求其他规划目标所使用的方法并没有什么不同。一旦目标明确，也许获得对问题的理解并形成必要的设计技巧会比获得必要的支持要难。在长远的管控手段得到证明之前，还有很多事情要做。

这样一个规划的最终目的不仅仅是实体形态本身，而是人们心中意象的品质。所以，训练观察者对于改善意象也是同样有用的，可以教他怎么看他的城市，观察城市多方面的形态以及各种元素是怎么融为一体的。可以带市民到街上去，可以在学校和大学开课，可以把城市改造成展示我们的社会和愿望的动态博物馆。城市设计的艺术将等候有见识和眼光的观众去欣赏。教育和环境的实体改造是这个过程的组成部分。

提高观察者的注意力，让他有更丰富的体验，是只提供形态就能产生的价值。在某种程度上，无论最后得到的实体形态多么不成熟，重塑城市以提高可意象性的过程本身就可以让意象更清晰。业余画家就是这样开始看周围的世界的，室内装饰的初学者会得意于自己的客厅以此判断别的作品。虽然这样的过程如果不能实际增加控制和判断，就不会有任何效果，但是就算很笨拙的城市"美化"活动，也会增强市民的能量和凝聚力。

第五章 一种新尺度

　　第一章指出了城市感知的特殊本性，并得出结论说城市设计这门艺术在根本上与其他艺术不一样。我们专门指出环境意象的生动性和协调性是城市的功能和令人愉悦的重要条件。

　　意象是观察者和被观察对象双向作用的结果。我们区分出城市意象的五种元素，并详细讨论了它们的性质和关系。讨论中使用的很多材料来自对三个美国城市中心区域的形态和公共意象的分析。在分析过程中，我们形成了针对可意象性研究的实地踏勘和抽样访谈方法。

　　尽管大部分工作都限于单个元素的特征和结构，以及它们在小型复合体中的分布格局，但是我们是以未来作为整体格局的城市形态为目标的。整个大都市区有一个清晰而全面的意象是对未来城市的基本要求。如果真能够形成这样的意象，它将把城市体验提升到新的水平，能与现代城市功能单元相称的水平。在这个尺度上的意象组织会涉及全新的设计问题。

　　大尺度的可意象环境在今天是很稀有的。但是，现代生活的空间组织、运动的速度和新建设的速度与规模，都让通过有意识的设计营造这样的环境变得可能而必要。虽然只是初步结果，但是我们的研究指出了一条通往这种新型设计的途径。我在这里想说的是，巨大的城市环境也能具有可以感知的形式。现在还没有多少人尝试设计这样的形式：整个问题不是被人忽略了，就是被降级成零碎地应用一些建筑学和场地规划原理。

很显然，城市或者大都市区的形态不会呈现出宏大的层次分明的秩序，而会是一个复杂的格局，连贯而完整，但又复杂而飘忽不定。它必须适应千百万市民的知觉习惯，对功能和意蕴的变化保持开放，能够接受新意向的形成。它必须鼓励观察者探索这个世界。

的确，我们需要的环境不仅要有良好的组织，同时也要有诗意和象征性。它应当表现个人和社会，他们的愿望和历史传统，自然环境以及城市环境的复杂功能和运动。但是，结构清晰和个性鲜明生动是形成有力象征的基础。通过呈现出令人瞩目、协调统一的**场所**，城市可以为这些含义和联想提供聚集和组织的场地。这种场所感本身就能促进这里进行的每一项人类活动，促使人们产生深刻的回忆。

紧张的生活和汇聚于此的各种人，让大城市成为一个有浪漫色彩的地方并拥有丰富的象征。它让我们既感叹又害怕，就像弗拉纳根说的那样，它是"我们混淆的景观"。如果它清楚易读、清晰可见，那么恐惧和迷惑就会在场景的丰富多彩和生动有力中转换成快乐。

要形成这样的城市意象，对观察者的教育和对被观察对象的重塑是同样重要的。确实，它们共同构成一个循环的或者螺旋式的过程：视觉教育促使市民改造视觉世界，而这个行为反过来让他们能更敏锐地观察世界。高度发达的城市设计艺术与创造有眼光和有关怀的观众是密切相关的。如果艺术和观众一同成长，那么我们的城市将成为无数市民每天快乐的源泉。

附录A 关于定位的参考文献

我们可以从许多地方寻找到有关环境意象的资料，比如那些古代或现代的文学作品、旅行或探险杂志、新闻报道或是一些心理学和人类学研究资料等等。这些资料虽然比较零散，但十分常见而且有启发性。当我们浏览这些资料时，我们会了解到一些相关的内容，诸如这些意象如何形成，其特性如何，以及它们如何在我们生活中的社会学、心理学、美学和实践方面起到相应的作用。

打一个比方，根据人类学家的描述，我们推断原始人深深地依存于他们所生活的环境。他们会区别并命名一些较小的地方。即使是无人居住的荒野，人们仍通过地名对自然地理保持着浓厚的兴趣。环境是原始文化的一个完整组成部分，人们在其中工作、繁衍、生息，与之和谐相处，几乎每时每刻，他们都将自身完全融入环境而不愿离开。在不断变化的世界里，环境代表着延续和稳定。[4, 38, 55, 62] 蒂科皮亚岛[①]（圣克鲁斯群岛）上的居民说：

> 大地总在那里，但人类会逝去，逐渐衰弱直至埋入地下。人生短暂，而大地永存。[19]

这些环境不仅含义丰富，还给人以生动活泼的意象。

某些圣地可能会引起人们强烈的反应，因此成为关注的焦点，并且具备明确区分的部分和许多细部的名字。雅典卫城有着悠久的宗教历史和文化，雅典人用神的名字命名和划分每一块区域，甚至每一块石头，这使得后来的修复工作变得十分困难。位于澳大利亚中部麦克唐纳山脉中的长 90 米、宽 27 米的艾米莉峡谷，对土著人来说是真正的发生传奇故事的长廊。[72] 蒂科皮亚岛的玛拉，是林中一处矩形空地，每年在此仅举行一次宗教仪式。虽然只是块小长方形土地，但其中的 20 多个点有自己固定的名字。[19] 在更近代的文明中，整个城市可能就是圣地，比如伊朗的迈谢德和中国西藏的拉萨。[16, 68] 这些城市中充满着名字、回忆、独特的形式和神圣的地方。

我们对环境的意象仍然是生活中一个基本的组成部分，但今天对许多人来说，它可能已经并不那么生动特别了。最近有一本科幻小说，小说中的 C. S. 刘易斯幻想自己进入别人的思想，在别人对外部世界的意象中移动。那里光线灰暗，无法称为天空，模模糊糊地有一些暗墨绿色的东西，乱糟糟的一团。他盯着看了半天，才认出它们是假冒的树，下面有一些灰蒙蒙、青草色的柔软东西，但是没有分开的叶子。他越是想离近一些看，这些东西越是变得模糊不清。

环境意象最初的功能是允许某些有目的的运动，一张正确的地图对原始部落来说生死攸关。当初澳大利亚中部的卢瑞卡人因四年干旱被迫迁徙时，就是凭借部落中最老的长者准确记忆的地理位置，找到了那些水流细小的连续的泉水，才得以穿越沙漠而生存下来。长者的经验是多年前从祖辈那里传下来的。对于南太平洋海域上的导航者，重要的是能够区分星星、水流和海水的颜色，因为即使是很短的出行也是与死神的一场赌博。拥有这些知识使他们能够出门航行，并可能有较好的生存状态。在普鲁瓦特岛（加罗林群岛②）上，有一所当地著名的航海学校。由于具有航海的专长，普鲁瓦特人成为海盗，靠袭击周边大范围内的岛屿为生。

在今天，这种技能似乎并不重要，但假如一个人的脑部受伤，失去了辨认周围环境的能力，我们就需要从另外一个角度来看待事物。[15, 47, 51] 他也许能理智地说话、思考，甚至毫不困难地识别物体，但他无法将意象组织成相互关联的系统。他一旦离开房间就无法再找回来，除非有人引导，或是偶然发现某些熟悉的细节。有目的的运动必须依靠对独特细节顺序的具体记忆，这些细节在空间上排列紧密，下一个细节总是出现在前一个的近距离范围内。场所通常是由许多相关联的物体确定的，而要辨认它只需要一些特殊、孤立的符号。有人通过一个小记号认出了一个房间，还有人通过有轨电车的号码识别一条街道。如果这些符号被破坏，那么这些人就会迷失。这种情况类似于我们在不熟悉的城市里行进。特别是在脑部受损伤的案例中，这种情况会成为必然。因此意象在实用性和感情上的重要性显而易见。

　　一个运动的生物体在环境中必须得到指引，否则就会产生迷失的恐惧。杰卡德引用了非洲土著人迷失方向的一个事例，他们恐惧惊慌，最后陷入灌木林中。威特金[81]讲述，曾有一位经验丰富的飞行员在垂直起降时迷失了方向，他说这是他一生中最可怕的经历。还有很多作家[5, 52, 76]描述过一些在现代都市中暂时迷失方向的现象，同时谈到感情上受到的困扰。比耐特提到，有一个人从巴黎坐火车到里昂，必定要在一个特定的车站下车，虽然不太方便，但符合他对里昂和巴黎相互位置关系的错误意象。[5]另一位被访者说，他一到小城镇就感到头晕，因为总是弄错方向。许多方面都证实，那些起初错误的环境组织意象会令人感到不安。[23]另外，在一个高度人工化、表面呈中性的迷宫里，布朗完成的实验报告显示，接受测试者喜欢的可能只是一些非常简单的标志，比如一块表面粗糙的木板，因为这些东西他们最熟悉。

　　寻找道路是环境意象的最基本功能，也是可能建立感情联系的基础。然而意象的价值不仅仅局限于这种直接意义，只是当作地图来指示运动方向；在更广泛的意义上，它应该能够充当一个基本的参照框架，个体能够在其中活动，并将自己的知识附加在框架上。因此，意象就好比是一种信念或一套社会习俗，是事实和可能性的组织者。

　　其他一些特殊景观也许只能简单地展示其他群体，或者象征地点的存在。马林诺斯基在讨论新几内亚沿海的特罗布里恩德群岛③上的农业时，讲到如果在灌木丛或空地之上生长着一片很高的树林，就说明这里是某个村庄的领地，外人不得进入。同样地，高耸的钟楼是整个威尼斯平原上城镇的标志，而谷仓则是美国中西部小村庄的标志。

环境意象，更进一步也许能够充当活动的组织者。比如在蒂科皮亚岛，人们每日工作往返的小路上有好几个习惯的休息点，[19]这些场所将形式赋予日常的"通勤"。岛上圣地玛拉的一小块空地上就有许多地名，这些地点之间的细微差异，正是进行复杂而有组织的仪式活动所必需的。在澳大利亚中部，传说中的土著英雄总是在所谓的"梦想时光"道路附近出现，因此这些道路成为环境意象鲜明的组成部分，当地人在其间穿行时也感到很安全。[53]在普拉托里尼的自传体小说里，他举了一个惊人的实例：在佛罗伦萨一处被夷为平地的空旷地带，人们日常穿行时，还总是沿着那些已经荡然无存的只是在想象中保留的街道行走。

还有一些场合，区分并解构环境是调整知识体系的基础。拉特雷十分欣赏阿桑蒂④的医生，他们努力探寻森林里每一种植物、动物和昆虫的名字，了解它们的性情特点，"阅读"森林，仿佛它是一本复杂而永远展开的卷宗。[61]

景观也充当着一种社会角色。人人都熟悉的有名有姓的环境，成为大家共同的记忆和符号的源泉，人们因此被联合起来，并得以相互交流。为了保存群体的历史和思想，景观充当着一个巨大的记忆系统。澳大利亚阿伦塔部落中的人都能背诵一些很长的历史故事，但波蒂厄斯认为这并不是因为他们具有特殊的记忆能力，乡村里的每一个细节事实上都在暗示着一些传说，而每一处景观又向人们提示了对共同文化的回忆。莫里斯·赫伯瓦克在谈及现代巴黎时也持同样的观点，他认为不变的物质景观和对巴黎的共同的记忆，是将人们联系在一起的并得以相互交流的强大力量。

景观的象征性组织可以帮助人们战胜恐惧，在人与环境之间建立感情上的安全联系。我们可以引用有关澳大利亚中部卢瑞卡人的事例来证明这一观点：

> 卢瑞卡的岩石如此巨大，即使那些自以为见过许多奇观的白人也会感到敬畏。对于出生在这些巨形怪石阴影里的每一个婴儿，那些使他们认同自己种族的历史传说，必定会给他们带来极大的鼓舞。即使这些巨大的岩石仅仅是先辈漂泊的见证，也会使他们与先辈之间有了更亲近的关系。传说和神话不仅仅是夜晚用来消磨时光的故事，更是原始人为战胜恐惧和无知使自己愈加坚强的方式。由于孤独，原始人的心灵自然会受到恐惧的折磨。难怪他们会坚信这些巨大而无关紧要的自然之物，一定是他们种族历史上众多惊人特征的见证，是由那些在它控制之下的有魔法的臣民造成的。[55]

即使在不那么孤独和恐惧的环境里，一个被认知的景观也会带给人亲切和公正的愉悦感觉。正如内特西里克的因纽特人的一个谚语所说："让你自己的东西的气味环绕着你。"

事实上，正是环境的命名和区分，使得它们充满生气，因而也给人类的体验增加了深度和诗意。中国西藏的一些山路可能会有这样的名字，"秃鹰的困境"或"铁剑之路"，它们不仅高度概括，还诗意般展现了一部分中国西藏的文明。[3]一位人类学家这样评论阿伦塔的景观：

> 只有去过那里的人才能了解神话中生动的事实，我们穿越的整个村落显然只有低矮的灌木丛、几条小溪、高高低低的山丘和一些开阔的平地，然而土著居民的历史使它们看来充满了生气……传说是如此生动，所有来过的人都能感到周围仍然是一片生机勃勃的居住地，到处都是忙碌的人群。[54]

今天我们在研究周围环境时已经更有组织性，比如通过坐标、编号系统或抽象命名等方式，然而我们常常错过环境生动具体的特性和清晰明白的形式。[40] 沃尔和斯特劳斯列举的许多实例，都说明人们在努力为自己的城市寻找能使人印象深刻的物质符号，既能够组织他们对城市的意象，又可以继续日常的活动。[82]

普鲁斯特在《在斯万家那边》（*Du Cote dechez Swann*）一书中对坎布里教堂尖顶所作的动人描述，很好地概括了一个可意象环境能够带来的感受和价值。他在坎布里度过了童年时代的许多夏季，教堂的尖顶不仅是小镇的象征，能够帮助人们确定方位，而且深深地融入日常生活中，铭刻在他的脑海里，并成为他日后追寻的一种幻觉。

> 人们必须返回尖塔，它总是统治着其他所有的东西，一个尖顶就出人意料地概括了所有的房屋。[57]

参照系统的类型

可能存在一个抽象概括的参照系统，将意象以不同的方式组织起来，有时精确，而有时只是关于定位和特征间关系的习惯方法。西伯利亚的楚克其人可以区分22个与太阳相关的三维罗盘方位，包括天顶、天底、午夜（北）和正午（南）4个固定位置，以及18个根据太阳在昼夜不同时间位置确定的方位，而且这些方位随季节变化而变化。此系统对控制卧室的方位起到重要作用。[6]西太平洋的密克罗尼西亚航海者使用一种更精确的方位系统，它并不对称，而是与星座和岛屿的方向相关，其方位加起来共有28到30个。[18]

中国北方平原使用严格、规矩的方位系统，有很深的不可思议的内涵。北象征着黑色和邪恶，而南代表着红色、欢乐、生命和太阳。同时，对所有宗教建筑和永久构筑物的选址进行严格的控制。事实上，中国四大发明之一的指南针，开始并不是用于航海的，而主要是用来测定建筑的方位。这个系统的影响非常普遍，以至于生活在这一平坦地域的人们指示方向时用的都是"东、西、南、北",而不是我们习惯的"左、右"。这个组织系统固定、普遍地独立存在于个体之外,不以个体为中心,也不随个体运动而转折。[80]

澳大利亚的阿伦塔人在提及某一物体时,习惯提到它与说话人的关系、方位和可视性。一位美国地理学家在宣读一篇关于"我们自身具备四个基本方位的必要性"的论文时,惊奇地发现,听众中的大多数城市居民都习惯于通过显眼的城市特征辨向,根本不需要借助别的什么东西。而这位地理学家在开阔的农村地区长大,视野里只有大山。[52]一个因纽特人或是撒哈拉人能够辨清方向,依靠的并不是天体,而是盛行风向,或是风吹后形成的沙丘或雪堆的形状。[37]

在非洲的部分地区,主要方位并非抽象不变,而是朝着家的方向。杰卡德曾举例,当几个部落在一起共同宿营时,他们都本能地分成组,各自朝向自己领地的方向。[37]后来他又提到一个有关法国商人的例子。他们时常去一些陌生的城市做生意,据说他们很少会注意街道的名称和标志,而只是记住从火车站来回的路,工作一结束就立刻回家。澳大利亚坟场的布局又是另一种情况,它朝向的是死者的图腾中心或精神家园的方向。

蒂科皮亚岛采用的又是另一种系统,它既不是常见的以自我为中心的系统,也不是朝向某一基准点,而是与地形的某一特殊边界相关。这个岛十分小,人们的所见所闻都离不开海,岛上居民使用"岛内"和"海外"作为所有的空间参照,就连房屋地面上放置的一把斧子都要以此定位。弗思说,他曾无意听到一个土著人对另一个土著人说:"你朝向海边的脸上有一个泥点。"这种参照方式的影响如此强烈,使他们很难理解任何真正的大片土地。村庄沿海岸排列,指路的传统词汇是"下一个村子"或"再下一个村子"之类,是一种极易参照的单向序列系统。

有时环境并不是通过一种概括的方位系统进行组织的,而是有一个或多个强烈的焦点,其他东西都参照这些点。在伊朗的迈谢德，中心神庙附近的每一物体都被赋予绝对神圣的意义，包括掉落在圣地内的灰尘。在通往城市的路上有个制高点，从这里开始人们可以看到清真寺，因此这个点也就变得十分重要。在城中穿过每一条通向神庙的街道时，最好都要行鞠躬礼。这个神圣的焦点是一个极端的例子，由它组织了整个周围地区。[16] 这类似于罗马天主教堂的习俗，每当走过祭坛轴线时都要行屈膝礼，祭坛定位了整个教堂的内部。

佛罗伦萨在极盛时期也是这样组织的。那时描述或谈论方向都是参照"坎提"，即焦点。它们指的可能是凉亭、灯具、盾形徽章、礼拜堂、府邸、店铺，还可能是药店。到了后来，才将"坎提"的名称与街道联系起来。直到 1785 年，这些名称才规范化成为路标。现代的住宅门牌是 1808 年才开始使用的，自此以后，道路成为城市的参照系统。

因为每个地区及其人口都相对稳定、独立而特殊，所以一些古老的城市利用区域进行意象和参照的情况非常普遍。罗马帝国时期，地址只精确到一个小的特定区域，可以推测如果到了这里，只要问问路人就可以找到最终的目的地。

景观也可能通过运动路线构成图形，澳大利亚阿伦塔的组织方式让人觉得不可思议。整个地域通过虚构的道路网将一系列孤立的"图腾"村落、家族庄园联系起来，中间是荒地。通常只有一条小路能够通往神圣的放置图腾的圣所。平克说，曾经有一位向导领着他走了很长一段迂回曲折的路，才到达这样一处神圣的地方。[54]

杰卡德曾提到过一位撒哈拉的著名阿拉伯向导，他能根据一些很模糊的印迹找到路，对他来说，整个沙漠上也覆盖着一张道路网。甚至有一次，当穿过空旷的沙漠已能清晰地看见目的地时，他仍在费力地寻找那些歪歪扭扭几乎没有印迹的道路。这种依赖成了一种习惯，因为风暴和海市蜃楼常使人不能相信远处的标志物。另一位作家提到撒哈拉沙漠的梅支贝德，它是一条横穿大陆的骆驼队行走的道路，依靠放置在关键交叉点的石头堆，驼队要从一个水源地到另一个水源地，在荒漠中行进上百公里，错过一个水源地可能就意味着死亡。从这样的探险中，你能获得坚强的个性和近乎圣洁的品质。[24] 在另一种全然不同的非洲丛林地域景观里，大象走过的路线乱作一团，看似无法穿越，但是土著人能够像我们了解和穿越城市道路一样在其中自由穿行。[37]

普鲁斯特有一段关于威尼斯的描写，是感受道路参照系统的一个生动实例。

> 我的贡多拉沿着小运河河道前进，就像幽灵神秘的手在牵引我穿过这座东方城市的迷宫。它们似乎正在为我开道，拥挤的城市从中心被劈开，兀自留下一条细长的狭缝，能瞧见那些带着小小的摩尔式窗户的高大住宅。仿佛是一位具有魔力的向导，一直在秉烛为我照亮，它不停地将一缕光芒掷向前方，扫清了面前的道路。[58]

布朗做过一个实验，让被测试者蒙上双眼走迷宫。之后他发现即使条件如此苛刻，被测试者也能运用至少三种不同的定位方法，其中包括记忆中的运动序列（除非序列正确，否则通常很难再去重建），一系列能确定方位的标志物（比如表面粗糙的木板、声源、能感觉到的温暖阳光），以及在室内空间中的一般方位感（比如可以想象是在环绕房间的四边移动，进入室内有两个入口）。[8]

意象的形成

环境意象的创造是一个观察者和被观察者之间双向作用的过程。观察者的所见来源于环境的外在形态，但是他表达和组织的方式，以及引导自身注意力的方法，都会反过来影响他的所见。人类的感官具有很高的灵敏度和适应性，对同一个外部现实，不同群体产生的意象可能完全不同。

萨皮尔举了一个有趣的例子，南佩尤特人[⑤]语言中的注意焦点与众不同。在他们的词汇里有一些明确表示地貌的单词，诸如"山脊包围的一块平地"、"向阳的岩壁"或"被几个小山脊切断的起伏的村庄"。他们的居住地属于半干旱地区，因此对地形进行这种精确的定位十分必要。萨皮尔还进一步提到，在这种特别的印第安语中，并没有像"杂草"这样的在英语里很常见的单词，但却有一些关于食物和药物来源的独立单词，且分别表示每一个种类生熟、颜色、生长阶段的不同，就像英语里的小牛、母牛、公牛、小牛肉和牛肉一样。还有更特别的，有一个印第安人部落的词汇中竟然没有区分太阳和月亮！[66]

阿留申人因纽特人的分支，从来没有给周围景观中具有巨大竖向特征的山脉、山峰和火山一类的形体命名，相反，那些水流细小的水平方向上水面的特征，比如小溪、河流或是池塘都有自己的名字。这也许是因为即使细小的水流对冰上旅行者来说也都是生死攸关的环境特征。[26]内特西里克的因纽特人似乎也很关注类似的水体特征。在12幅由土著拉斯姆森人画的地图草图中，人们一共标出了532个地名。其中有498个指的是岛屿、海岸、海湾、半岛、湖泊、河流或浅滩，有16个指的是山脉，只有18个名称涉及零星分布的岩石、沟壑、沼泽或聚居地。[60]扬曾举过一个有趣的例子：一位受过训练的地理学家，仅仅依靠识别裸露岩石的地质类型及形态，就能毫不费力地行走在多雾的阿尔卑斯乡村中。[83]

另一种颇不寻常的关注领域是天空的反射。斯蒂芬森提到，在北极低空悬浮的云层能够用不同的颜色反射出下面的"地图"，那些位于开阔水面上的云是黑色的，位于海域冰面上的云是白色的，而陆地冰面上的云则要暗一些，等等。在穿越宽阔的海湾时，标志物可能都在地平线以下，因此这个方法就变得非常有用。[73]南太平洋海域的人们常运用天空反射法，不仅可以知道远处地平线以下小岛的位置，而且能够通过反射的色彩和形状辨别它是哪一个岛屿。可以用来定位辨向的形态多种多样，加蒂在一本关于航海的书中，提出了一些相关的概念。[23]

　　这些文化的差异，不仅涵盖那些被关注的特征，而且包括它们组织的方式。阿留申群岛的语言里没有一些最普通的名词，因此阿留申人无法识别对我们来说显而易见的山体。[17] 阿伦塔人对天体的划分也与我们完全不同，他们常把明亮的距离近的星星分成不同的组，进而与那些暗淡遥远的星星建立联系。[45]

　　此外，我们感知能力的适应性非常强大，每一个人类部落都能辨别环境景观中的各部分，感受其重要的细节并赋予其含义。无论环境对于一个外来的观察者如何难辨，就像澳大利亚无边的灰色灌木丛，因纽特人居住的白雪覆盖的分不清海洋陆地的区域，多雾且多变的阿留申群岛，或是波利尼西亚航海家行驶的"无迹可寻"的茫茫大海，对于当地人来说它依然清晰可辨。

　　历史上有两个原始群体形成并发展了自己的方位学和地理学，这就是因纽特人和南太平洋海域的航海者。直到最近，西方的地图绘制者才超越了他们。因纽特人能够徒手绘制出有用的地图，范围可能大到在一个方向上覆盖650千米到800千米。在其他地方，很少有人能在不事先参考现成地图的情况下做到这一点。

　　同样，太平洋加罗林群岛上受过训练的航海者，也有一套精确的航行导向系统，与星座、岛屿位置、风、潮流、太阳位置和波涛方向密切相关。[18, 44] 阿拉戈描述过一位有名的舵手，他曾经声称，群岛中的各个岛屿对他来说都是通过玉米标出各自的相对位置，相互命名，并表示出通行线路和物产。你是否能想象，这片群岛从东到西竟有2400千米长！不仅如此，他还用竹子做了一个罗盘，随时观察风向、星座和潮流，以指引航向。

　　在这两种成功地形成概括力和注意力的文明之间，存在两个共同点。其一，自然环境中无论是水还是雪，都基本不具备特征，或仅有一些细微的差别。其二，两个群体都过着迁徙的生活，因纽特人为了生存，必须随季节变化从一个狩猎地转移到另一个狩猎地；南太平洋海域最好的水手不会是来自富裕的地势较高的岛屿，而一定是那些地势低的小岛上的居民，这里自然资源匮乏，时刻会面临饥荒的威胁。撒哈拉的图拉奇游牧部落与之十分相似，因

而也具有相似的能力。另外，杰卡德还提到了非洲土著，由于已
形成定居农作的习惯，即使在周边的丛林里他们也很容易迷路。

形式的作用

　　然而，讲了这么多有关人类感知能力的灵活性和适应性的内
容之后，我们必须补充说明一点，即客观世界物质形态起到的作
用也不容忽视。需要技巧的航行似乎总是出现在那些感知困难的
环境里，这正说明了外部环境的影响。

　　为了在这些复杂环境里获得辨向的能力，必定要付出代价。
通常只有专家才能掌握这些特殊的本领。比如能绘制地图的拉斯
姆森人是他们的首领，余下的多数因纽特人都做不到；科尼兹说在
整个突尼斯南部只有 12 个一流的向导；[13] 波利尼西亚的航海者是占
统治地位的社会阶层；普鲁瓦特人的航海知识是在家族中世代相传
的，前文所述的那所正规的航海学校，有一个专门的食堂，航海
家们总是在那里谈论方向和水流。这使人联想到马克·吐温小说里
密西西比河上的水手，为了掌握那些变幻莫测的标志物，他们驾
船沿河上上下下，不停地争论。[77] 这种技巧值得佩服，但它与我们
期望的轻松熟悉的环境之间仍存在一定差距。波利尼西亚航海者
的远航显然总是伴随着焦虑，一次普通的航行需要一长排的独木
舟队伍并进以帮助寻找陆地；澳大利亚的阿伦塔又是另一种情况，
只有部落中的老者才能引导人们从一个水源地走到下一个水源地，
或是在灌木丛里找到一条正确的通往圣所的道路。然而在特征鲜
明的蒂科皮亚岛，这类情况很少会出现。

　　我们经常听说一些有关当地向导在毫无特征的环境里迷失方
向的报道。施特雷洛描述了他在澳大利亚灌木丛林里与一位有经
验的土著向导挣扎前进好几个小时的故事，向导不断费力地爬上
树梢，以期通过远处的标志物获得方位。[75] 杰卡德也叙述了他在图
拉奇迷路的遭遇。[37]

　　从另一个极端来说，无论眼睛具有怎样的选择性，一些景观特征的视觉特性注定会使它们吸引人们的注意力。通常，圣地一般聚集在更为引人注目的自然环境中，例如阿桑蒂神与巨大的湖泊、河流产生联系，连带在一起的大山也获得了人们同样的尊敬。在印度的阿萨姆邦有一座名山，传说它是佛陀涅槃的地方。在沃德尔的描述中，这座山直接从平原上耸立起来，险峻如画，与环境形成鲜明的对比。很久以来它一直受到当地人的崇拜，成为婆罗门和伊斯兰教徒的圣地。[78]

　　蒂科皮亚岛上的大山，因其形体的突出成为重要的组织特征。无论从社会学还是从地理学的角度看，它都是岛上的制高点，被认为是神降生的地方。它在很大的海域内，成为家园位置的标志，有一种神奇的超自然的力量。山顶上几乎从未开垦或种植过作物，因而保存了不少珍稀的植物群落，更加强了这个地区的特殊意义。

　　有时景观会因为形状的怪异而吸引人们的注意。卡瓦古奇曾这样描述中国西藏的 Kholgyal 湖畔：

> 　　……这一堆、那一堆，到处都堆放着石头，有黄的、深红的、蓝的，还有绿的、紫的……这些石头奇形怪状，有的尖利带着棱角，还有的是从河中采出来的。近一些的河岸……到处也都散落着怪模怪样的石头，每一块上面都刻有一个名字……所有这些都是令人崇拜的。[39]

　　再举一个更通俗的例子，有人曾连续几年在草地上观察筑巢的鸟，把它们各自的领地画成图。可能因为由不同个体所占据，这些领地有很大的波动性和重组性，而那些篱笆或灌木丛之类明确的边界，则保持不变。[50]我们知道，候鸟群在向一个大方向迁徙时，飞行导航的主要线路或边界一般都是一些地形特征，比如海岸线。就连蝗虫群，通常也会根据风向保持一致的方向，而一旦经过无特征的水面时，它们就会变得没有组织而四下分散。

　　还有一些特征不但引人注目、易于分辨，而且给人一种"临场感"，似一种生气勃勃、栩栩如生的现实，就连文化背景完全不同的人也能感觉得到。卡瓦古奇提到，在他第一次看到中国西藏的圣山时，就感到它"庄严地坐落在那里"，把它比作自己的毗卢遮那（Vairochana）佛，侧面是菩萨。[39]

类似的离我们生活更近一点的例子，是沿着"俄勒冈小径"的峭壁给人的最初印象。

> ……如果在高空向西慢慢行进时，惊讶的感觉会波及所有人……无数的观察者都会发现灯塔、砖窑、华盛顿的国会大厦、灯塔山、发射塔、教堂、尖顶、圆顶、街道、工场、商店、仓库、公园、广场、锥顶、城堡、炮台、柱廊、穹顶、尖塔、寺庙、哥特式城堡、"现代"防御工事、法国的大教堂、莱茵河畔的城堡、高塔、隧道、门廊、陵墓、柏罗斯（Belus）神殿、空中花园……放眼望去，石头上呈现出城市、寺庙、教堂、塔楼、宫殿等各种各样高大宏伟的建筑……华丽的大厦宛如美丽的白色大理石，展示了各个时代、各个国家的风情……[69]

许多观察者都能列举出这些，足以证明特殊的地理形态会给人带来不可磨灭的强烈印象。

因此，当我们关注人类感官的灵活性时，我们也应该充分认识到外部客观形态的作用同样重要。不同的环境，对注意力或吸引或排斥，对意象的组织辨别或促进或阻碍。这可能类似于具有适应性的人脑，对某些相关或无关的材料的记忆有或易或难的区别。

杰卡德提到，在瑞士有好几个"典型场所"，人们在那里总是迷失方向。[36]彼德森注意到在明尼阿波利斯市，每当道路网格改变方向时，他的意象就出现中断。[52]特鲁布里奇发现大多数人在指认离纽约较远的城市时都会出现严重的混淆，不过奥尔巴尼⑥是个例外，它与赫德森河的视觉联系非常清晰。[76]

伦敦在 1695 年完成一个名为"七日晷"的开发项目，七条街道汇聚到一个圆形联结点，中心建有一个刻着七个日晷的多立克柱式，每一个日晷面向一条放射性的街道。盖伊在他的《琐事》一文中曾谈到这个令人困惑的形状，不过在文中他暗示只有农民和愚蠢的外地人才会被它迷惑。[25]

马林诺斯基将新几内亚附近当特尔卡斯托群岛 [7] 中的多布群岛和安夫列特群岛，与特罗布里恩德群岛单调的珊瑚岛屿进行对比，形成鲜明的对照。这些群岛之间有正常的贸易往来，而多布地区集中了所有的神秘意蕴。他在书中描述了特罗布里恩德人对这种可意象火山景观的反应。在讲述从特罗布里恩德到多布的旅行时，他这样写道：

> 带状低地在特罗布里恩德以礁湖环绕、延伸，直至渐渐消失在薄雾中。前方南面的山脉越升越高……最靠近的是一个纤细的、有点倾斜的角锥体，名叫 Koyatabu，构成一个迷人的灯塔，指引水手向南航行……一两天内，这些离散、模糊不清的形态，在特罗布里恩德人眼中看来，是非凡的形状和巨大的体量，陡峭的岩石和绿色的丛林将会包围库拉 [8] 商人……特罗布里恩德人将航行在深邃阴暗的海湾……在透明的海水之下是一个奇异的世界，到处都是五颜六色的珊瑚虫、鱼群和海藻……还会发现奇妙的沉重密实的石头，形状各异，色彩绚丽，而在他们的家乡只有平淡的白色珊瑚石……此外，还有各种各样的大理岩、玄武岩和火山凝灰岩，以及有着锐利的边缘和金属般特性的黑曜石，布满赭石和黄土的场地……因此，在他们眼前呈现的是一片希望的土地，在这里发生的几乎都是传奇式的故事。[46]

同样，澳大利亚的"黄金时代"（dream-time）[9] 道路，向四面八方穿越的大都是平坦的长满金合欢的草原，而传说中的营地、神圣的历史节点和关注焦点，似乎都明显地集中在两个完全不同的景观环境中，它们是麦克唐奈和斯图尔特的陡峭山脉。

与这种原始景观的对比相仿，埃里克·吉尔将他的出生地——英格兰的布赖顿，与他长大以后居住的奇切斯特，做了一番比较：

在那一天之前，我从来不知道城镇会有形状，就像我喜欢的火车头，是具有特征和意蕴的事物……（奇切斯特）是一个市、一座城，有秩序、有规划——并不仅仅是集合了一些或多或少的脏兮兮的街道，像真菌那样，哪里有铁路网、岔道或是铁路货栈，它就在哪里生长……我只是知道在奇切斯特有而布赖顿没有的东西，比如一个目标、一件事物、一处场所……奇切斯特的规划清晰明了……从古罗马时期的城墙看出去是绿色的田野……四条笔直宽阔的主路将城市分成几乎相同的四个区，其中居住区也同样被四条街分隔，几乎布满了十七、十八世纪的住宅……但是布赖顿，我们都知道……唉，实在是没有什么值得说的。想到布赖顿的时候，它就只是一个以我们家为中心的地方……别无其他。但当生活在奇切斯特时……它的中心并不是北城墙街2号，我家的位置，而是克罗丝市场。我们获得的不仅是一种市民的感觉，而且感受到它有序的整体关系……布赖顿根本不是一个场所。在那里时，我从来都不知道还会有其他形式的城镇存在。[33]

前文曾提到，由于瑞安尼山的存在，蒂科皮亚岛在感知上非常明晰。一个特殊的形态是如何具体产生作用的？下面这段可能能够提供一个答案：

当一个蒂科皮亚人从家乡出发时，他对已走过的路途的估计是根据显露在地平线上蒂科皮亚岛的比例完成的。一共有五个尺度上的基准点，第一个是rauraro，即海岸边的低地，看不见它时，航海者便知道自己已经驶出了一定的距离；当沿海岸各处升起的一些60米到90米高的峭壁从视野中消失时，也就到了第二个基准点；然后是 uru mauna，环湖一连串的高约 150 米到 250 米的山顶，将渐渐淹没在波涛中；uru asia（瑞安尼山脉等高线中的最后一处断层，约 300 米高）在下沉时，航海者意识到自己已经远离海岸；最后是 uru ronorono，也就是瑞安尼山尖在视野中完全消失的那一刻，此时航海者不禁感到一丝悲伤。[19]

借助这些非常特殊的景观轮廓，出海这一时常发生的分离过程，由公认的一些间隔组织起来，其中每一个都具有实用和情感上的意义。

福斯特小说中有一个人物，当他从印度归来进入地中海时，周围环境的纯粹的形态特征和可意象性，让他感到十分震惊：

威尼斯的建筑就像克里特岛[⑩]的山脉和埃及的田野，屹立在适宜的位置上。而在贫穷的印度，每一件东西都放错了地方，他早已忘记了那些寺庙的庄严和起伏的山脉的美丽。当然，没有形式，哪里会有美……在过去上大学时，他曾酷爱五颜六色的圣马克毛毯，但现在他发现了比马赛克和大理石更珍贵的东西，那就是人类的作品和承载它的地球之间的和谐、已脱离了混乱的文明以及合理形态中的精神，这一切都活生生地存在着。在给他的印度朋友寄明信片时，他感到他们所有人都将无法体会他正在经历的快乐，一种形态的快乐。这已经构成他们之间交流的严重阻碍，他们看到的仅仅是威尼斯的奢华，而不是它的形状。[22]

可意象性的缺点

一个高度直观的环境也可能有其不利的一面，充满神秘意义的场所可能会约束某些实际活动的开展。阿伦塔人宁愿面临死亡也不愿意搬到更好的地方居住；在中国，先人的墓地占据了稀缺的耕地；新西兰的毛利人则空置一些最适于作码头的地方，因为它们在神话中具有特殊意义。对土地越没有感情，开发也就越容易一些。在那些旧习俗排斥新技术和新需求的地方，即使是最节约的资源利用也会成为一种浪费。

盖根提到过阿留申的地名十分丰富，紧接着他还谈到一个有趣的现象：由于每一个细微特征都有自己特别的名字，以至于一个岛上的阿留申人常常不知道另一个岛上的某个地名。[26] 一个极其特殊的系统，如果缺乏抽象性和普遍性，就会导致实际交流机会的减少。

可能还有另外一种结果，施特雷洛是这样谈论阿伦塔的：

> 景观的每一个特征，无论突出与否，都已经与这样、那样的神话发生了关联。于是我们能够理解文字的作用在此是多么苍白无力……祖先留给他们的并不仅仅是未开垦的一块土地，让他们根据自己的想象去填满各种生物……传说故事已经有效地抑制了创造的冲动……在许多世纪以前，土著人的神话就已经停止发展……总的来说，他们是一些缺乏创见的保护者，与其说是原始的，不如说是一个衰落的民族。[75]

如果说理想的环境能够激发丰富、生动的意象，那么这些意象也应该方便交流，并适应变化的实际需求，由此才可能进一步发展新的组合、新的意义和新的诗意。我们的目标应该是一个可意象的，同时也是开放式的环境。

中国的"风水"理论，从一种非理性的角度，成为解决这一问题的特殊方法。[32]"风水"是受景观制约的一门复杂的学问，由"风水先生"进行系统阐述，它涉及运用山、石、树木来控制邪气，在视觉上阻挡危险的关口，运用池塘、水道引入水的灵气等等。环境特征的形状表达着也象征着它其中蕴藏的各种精神，这些精神可能有用，也可能消极无用，它们或集中或分散，或深奥或肤浅，或纯粹或混杂，或虚弱或强壮，最终必须利用植物、选址、塔、石等对其进行控制和强化。可能出现的解释复杂多样，这也正是专家们在各方面进行探索的一个广阔领域。尽管这是一种"伪科学"，脱离了现实，但它有两个有趣的特征十分符合我们的理论。首先，它对环境的分析是开放式的，因此有可能更进一步地发展新意义和新诗意；其次，它引导人们对外部形态及其影响进行使用和控制，强调人类能够预见、控制整个宇宙，并有能力改造世界。这为我们建构一个可意象的同时又不压抑的环境，或许能提供一些方法和线索。

译者注

① 蒂科皮亚岛，位于西南太平洋所罗门群岛中，古老的火山岛，岛上森林茂密。

② 加罗林群岛，太平洋西部群岛，由963个火山岛和珊瑚岛组成，陆地面积1165平方千米，居民主要是密克罗尼亚人，主要经济来源依靠输出椰干。

③ 特罗布里恩德群岛，位于西太平洋新几内亚岛的东南，巴布亚新几内亚的属岛。由8个珊瑚岛组成，陆地面积440平方千米。

④ 阿桑蒂，西非加纳的一个省。

⑤ 南佩尤特人，美国印第安人的一个部族。

⑥ 奥尔巴尼，美国纽约州的首府城市。

⑦ 当特尔卡斯托群岛，位于西太平洋所罗门海西南部，巴布亚新几内亚的属岛，陆地面积3100平方千米，属火山岛群。

⑧ 库拉，密拉尼西亚群岛东南部特罗布里恩德岛民的交易制度，系土著语音译。

⑨ "黄金时代"（dream-time），又作 alcheringa，指澳大利亚土著神话中的黄金时代。

⑩ 克里特岛，位于地中海东部，属希腊。

附录 B　方法的使用

　　为了把可意象性的基本概念应用到美国城市中，我们使用了两种主要方法，其一是在市民中抽样访谈，获取他们对环境的意象；其二是实地对受过训练的观察者形成的环境意象进行检验。对这两种方法的评价仍存在重大的疑问，尤其是因为我们的研究目的之一便是发展一些适用的方法。由这个总的问题又派生出来另外两组不同的问题：（a）这些方法的可靠程度如何？当它们推导出一个特定结论时，真实程度如何？（b）它们的实用性如何？其结论对做规划决策有价值吗？我们想要的结果是否值得花费这些精力？

　　基本的办公室面谈对被访者的主要要求包括，徒手绘制城市的地图，详细描述城市中的多条行程线路，列出感觉最特别或最生动的部分，并做简要的描述。进行访谈的目的首先是验证可意象性的假设；其次是获取所涉及的三个城市的基本正确的公共意象，将其与实地考察的结果相比较，从而有助于提出城市设计的一些建议；最后是为获取其他任一城市的公共意象提供一种快捷的方法。在这些目的中，除了对由此方法获得的公共意象的一般性存在疑问外，其他方面经证明都相当成功，我们将在下文进行讨论。

办公室的访谈包含以下问题:

1. 当提到"波士顿"时,你首先想到的是什么?对你来说,什么可以象征这三个字?从实际意义上,你将怎样概括描述波士顿?

2. 我们希望你能快速地画出波士顿中心地区的地图,从马萨诸塞大街向里、向市中心方向的那部分。就假设你正在向一个从没来过这里的人快速描绘这个城市,要争取尽量包括所有的主要特征。我们并不需要一张准确的地图,一张大致的草图就够了(采访者需要同时记录地图绘制的次序)。

3.(a)请告诉我,你通常从家到办公室所走的路线的完整的、明确的方向。想象你正在走这条路线,按顺序描述你沿路看到、听到和闻到的东西,包括那些对你来说十分重要的路标,它们对外地人可能是非常必要的线索。我们感兴趣的是街道和场所的物质形象,假如想不起来它们的名字也不要紧。(在叙述行程时,采访者应仔细查问,必要时可以要求被访者作更详细的描述。)

(b)在行程中的不同部分,你是否有特别的感觉?这一段会持续多长时间?在行程中是否有些部分让你感到位置无法确定?

(问题 3 还将针对其他一条或多条标准化的行程,向被访者重复提问,诸如"步行从马萨诸塞综合医院到南站"或者"乘车从范纽尔大厅到交响音乐厅"。)

4. 现在我们想知道,你认为波士顿中心最有特色的元素是什么?它们可大可小,不过要告诉我那些对你来说最容易辨认和记忆的东西。

(对于被访者回答问题 4 所列出的每个元素,分别要求他们回答下面的问题 5。)

5.(a)你能为我描述一下_____吗?如果你被蒙住眼睛带到那里,当取下蒙布时,你将运用什么线索来正确识别你的位置？

（b）关于_____，你是否有什么特别的情感体验？

（c）你能在你画的地图中指出_____在哪儿吗？（如果准确，）哪里是它的边界？

6. 你能在你的地图上标出正北的方向吗？

7. 访谈到此结束，不过最好还能有几分钟自由交谈的时间。

余下的问题将随意在谈话中插入：

（a）你认为我们在试图寻找什么？

（b）对人们来说，城市元素的方位和识别它的重要性在哪里？

（c）如果知道所处的位置或是要去的目的地，你会感到快乐吗？反之，你会感到不快吗？

（d）你认为波士顿是一座方便穿行、各部分容易识别的城市吗？

（e）你了解的城市中哪一座有良好的方位感？为什么？

这是一次冗长的采访，通常需要一个半小时左右，但几乎所有的被访者都兴致高昂，经常会动感情。整个访谈过程将被录入磁带，然后记录下来。不过这个看似笨拙的过程记录了所有的细节，连声音的停顿和音调的变化都没有错过。

将调查地区的照片，打乱次序交给被访者，里面还夹了好几张其他城市的照片。首先要求被访者以他们认为自然的组合方式将照片分类，然后让他们尽可能多地辨认照片，并说出自己是运用什么线索识别它们的。之后再要求被访者将辨认出的照片都重新放在一张大桌子上，把每一张都放置在相对正确的位置上，就像是放在一张很大的城市地图上。

最后，将这些志愿者带到现场，去实地走一段在访谈中想象的行程，即从马萨诸塞综合医院到南站。采访者一路陪同，同时用手提录音机录音。要求被访者带路，并说明为什么选择这条特别的路线，指出沿路的所见，和那些让他感到自信或迷茫的位置。

作为对这一小组取样的室外验证，我们又在市中心人行道上随机向过往行人问路，进而研究他们给出的答案。一共选择了六个标准的目的地，它们是联邦大街、萨摩街与华盛顿街的转角、斯克利广场、约翰·汉考克大厦、路易斯堡广场和公共花园。同样，也选择了五个标准的起点，即马萨诸塞综合医院的主入口、城北端的老北方教堂、哥伦布街与沃伦街的转角、南站和阿灵顿广场。在每个起点，调查者随意选择四五个路过的行人，向他们询问去往这些终点的路。有三个标准问题，包括"去_____怎么走？""我到了之后，怎样才能认出它？""步行到那儿需要多长时间？"。

与这些被访者主观的城市意象相比较，那些航拍照片、地图，以及有关密度、使用或建筑形式的图表，看起来似乎是对城市物质形态正确的和"客观"的描述。如果不考虑其客观性，那么这些事物将过于肤浅，缺乏充分的概括性，并不能满足我们的需求。可评估的要素变化无穷，我们发现访谈最好的比较对象是另一位被访者的访谈记录。不过这种比较系统而严格，利用了分类方法，这种方法在以前的飞行员调查分析中已被证明十分有效。有一点非常清楚，被访者是在对一个共同的物质现实环境作出反应，最好的定义现实的方式并不是通过任何定量的、"实际的"方法，而是通过一些受过训练的观察者对实地的感知和评价，同时配合一套迄今为止仍十分有效的城市元素类型。

现场分析则完全被简化，仅让一位事先受过城市可意象性概念教育的观察者，对整个地区进行徒步勘察。他需要绘出该区域的地图，指出地标、节点、道路、边界和区域的存在、可见性以及相互关系，标出这些元素意象的强弱。随后还要进行几次带着"问题"穿越该区域的行程，以验证他对整个区域结构的掌握程度。同时还要对该区域的元素按照重要性进行分类，"主要"元素都特别强烈、生动。他不断地扪心自问：为什么这些元素的个性有强有弱，联系有的清晰有的模糊？

在此绘制的地图并不是客观现实本身，而是一种概括，是真实形态以特定方式作用于受训观察者后的一种抽象的表达。当然，这些地图的完成与访谈分析无关。这种规模区域的地图绘制，大约需要三到四个工作日。附录 C 中对两个元素的描述，将举例说明在形成意象时需要使用的细节。

在最初的实地分析中，产生了有关元素类型、组合以及何者能成为强烈特征的基本假设，这些假设在访谈中得到进一步的提炼和验证。我们的另一个目标是发展一种对城市进行视觉分析的手段，希望能够预测可能产生的城市公共意象。为了这两个目标，我们最终研究形成的方法被证明是有效的，只是它过于关注单个的元素，而没有强调它在复杂视觉整体中的形态。

图 35 至图 46 用图解说明的方法，绘出了这三个城市，分别通过口头访谈、徒手绘制的地图以及我们自己所做的现场调研，最终得到这三个城市的意象。为了便于比较，每个城市的地图都使用相同的比例和符号。

图 35 至 图 46，见 136 页到 141 页

我们在此将对访谈和现场调研中获取的资料之间的关系作一些归纳。在波士顿和洛杉矶，现场分析后所做的意象预测，经证明与从口头访谈材料中得出的意象惊人地相似。在难以辨认的泽西市，现场分析的预测结果要比访谈总结的意象特征少大约三分之二。不过即使这样，两者得出的主要元素仍然几乎完全一致，而且不同情况下元素的相对排名也保持高度稳定。步行进行的现场分析存在两个缺点：其一是容易忽略一些对机动车交通来说重要的较小元素；其二是容易错过一些区域内的次要特征，而这些特征有可能对其反映的某一特定社会阶层的被访者具有重要的意义。因此，我们的现场方法中如果能够补充机动车的调查，并充分考虑到"看不见"的社会威望的影响，以及在视觉无特征的环境里注意力被吸引的随机性，似乎就能成为一种成功的预测可能产生的意象的手段。

图 47，见 142 页

尽管在有些情况下，个别被访者的草图和访谈之间的联系相当少，但是在整体复合的手绘草图和访谈之间，却存在着良好的相关性。此外，主要元素很少仅在单方面出现。手绘草图的起点似乎更高一点，也就是说，在访谈中出现频率最低的元素根本不

会在草图中出现。一般情况下，所有图中元素的出现频率均少于它们被口头提及的次数，这种结果在泽西市表现得也非常突出。除此之外，草图似乎在一定程度上更强调道路，并且排除了那些虽能识别但特别难画或难定位的部分，例如"没有根基"的标志建筑，或是非常复杂的街道形态。但是这些缺陷相对次要，而且有调整的余地。关系到元素识别的复合草图，与口头访谈的结果极其相似。

不过，草图和访谈结果之间的主要差异，仍然集中在联系和整体组织方面。众所周知的重要联系会出现在草图里，其他许多都消失了。手绘草图断断续续和变形，可能是因为人们对画图感到困难，而且把所有的东西都同时集中起来也存在一定难度。因此，草图并没有很好地指示已知的联系和结构。

特殊特征的列表，排除了许多在草图中出现的元素，仅仅挑选了那些在现场分析或是访谈中出现次数最多的东西。综合各种方法，这一列表最终证明是最高级的一个步骤，它表达了一个城市中最重要的部分，即它的视觉本质。

识别照片的测试也有力地证明了访谈的结果。例如超过90%的被访者很容易就能认出联邦大街和查尔斯河的照片，特莱蒙街、波士顿公园、灯塔山和剑桥街的识别也很快。接下来被认出的照片是符合城市的形态，直到最后剩下难认的照片，包括城南端、汉考克大厦的底层部分、城西端到北站区域以及城北端的小路。

图 35 至图 46 的图例

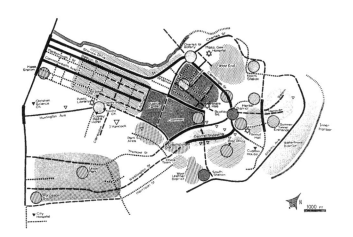

图 35　从访谈中得出的波士顿意象

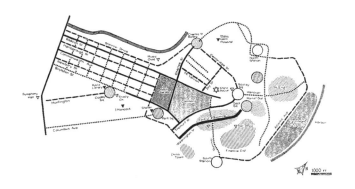

图 36　从草图中得出的波士顿意象

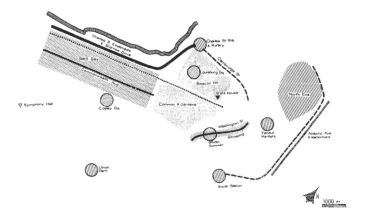

图 37　波士顿的区别性元素

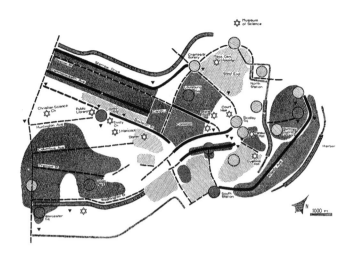

图 38　现场勘察得出的波士顿结构图

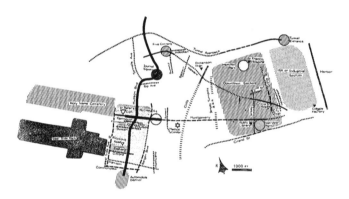

图 39　从访谈中得出的泽西市意象

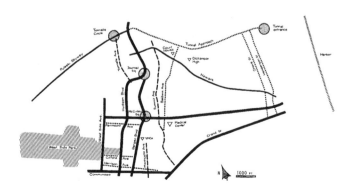

图 40　从草图中得出的泽西市意象

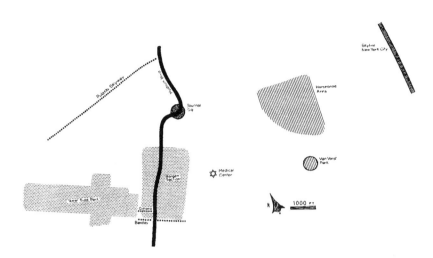

图 41　泽西市的区别性元素

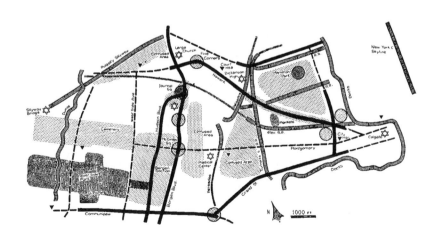

图 42　现场勘察得出的泽西市结构图

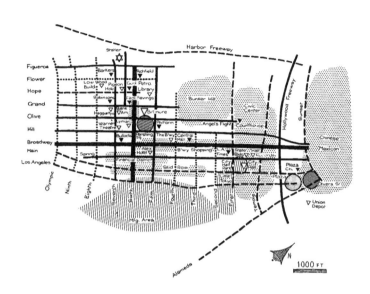

图 43　从访谈中得出的洛杉矶意象

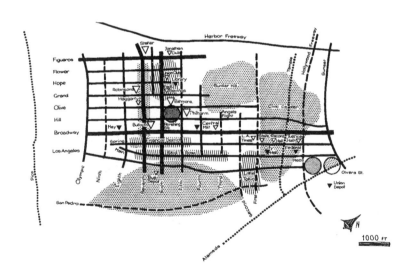

图 44　从草图中得出的洛杉矶意象

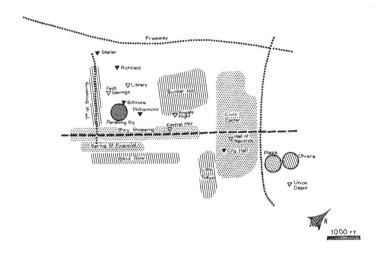

图 45　洛杉矶的区别性元素

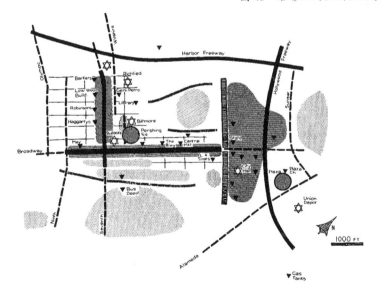

图 46　现场勘察得出的洛杉矶结构图

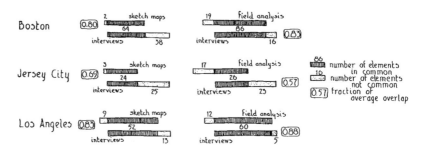

图47　三种方法得出的相似之处

　　我们在街头一共随机抽取了 160 个过路行人，向他们询问前面的那些问题，记录他们提到的元素，图 48 就是根据记录进行的图形汇总。这些匆忙采访所获得的复合意象，再一次与其他复合结果明显相似，主要差别是这种意象相对地突出了从提问地点引出的道路。必须明确，我们涉及的区域，在起点到终点之间存在一系列的可能路线（大致用虚线表示），图中这个地区之外的空白区域没有任何意义。

　　尽管这些方法揭示出许多内在的一致性，但是针对采访取样的充分性仍然存在两个基本的批评意见。第一个意见是取样数量过少。在波士顿调查了 30 人，在泽西市和洛杉矶更少，仅有 15 人。

图 48

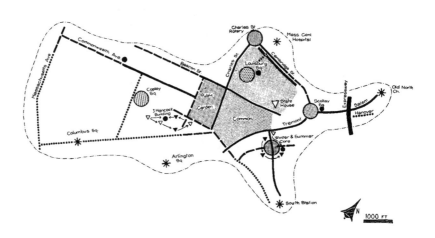

图48　从街头采访中得出的波士顿意象

这就不可能从中进行概括总结，也不能说已经揭示的是这一特定城市的"真实"的公共意象。这是因为广泛的问询，长时间、大量的实验性分析，只能允许我们在小规模内进行取样研究。很显然，有必要进行更大规模取样的重新测试，这就要求有新的更快捷的、精确的研究方法生成。

第二个意见是取样的性质除了在年龄（成年以上）和性别上相当平均，其他方面不够均衡。要求所有的被访者都熟悉环境，不过将城市规划师、工程师和建筑师这样的专家排除在外。因为在准备阶段需要表达能力强的志愿者，结果被访者在社会阶层、职业分布上极不均衡，主要都是中产阶级的专业人士和管理人士，访谈结果也就必然存在着显著的社会阶层偏见。因此，在重新测试中取样不仅应该规模更大，而且应该更能够代表普罗大众。

此外，被访者居住和工作地点也并非真正的随机分布，虽然我们已经试图将这种偏差降到最低，但结果仍令人遗憾。例如在波士顿的取样中，和社会阶层偏差有一定的关系，来自城北端和西端的被访者很少。至于工作地点的集中，这一点不可避免也是事实，但居住地点的集中应该是可以矫正的。不过，目前似乎还没有迹象显示，被访者居住地点的完全随机分布，会和社会阶层一样，严重影响对城市的总体意象。被访者对一个地区无论是相对熟悉还是陌生，其意象都可能有强有弱。街头采访接触的人更多，在社会阶层分布上也就更近似于随机，他们在匆忙中提供的信息，基本上进一步证实了我们长时间访谈的结论。因此，对于调查取样的评论，可以进行如下总结：

首先，通过多个途径获得的资料的内在一致性，说明我们使用的这些方法，确实相当可靠地洞察了被访人群复合形成的城市意象，应该也同样适用于不同的城市。不同城市的意象不同，这一事实符合我们有关视觉形态起决定作用的假设。其次，尽管取样规模偏小，存在社会阶层偏见，以及某些位置分布不均衡，但有迹象表明，如此形成的复合意象仍然大致接近真实的公共意象。当然，在重新测试时，有必要进一步改善取样的规模和偏差。

因为取样数量少，就没有再试图进一步区分，比如研究不同年龄、性别等其他分类组群的个别意象。所有取样都作为一个整体被分析，被访者的个人背景并未考虑在内，而只是注意一些整体的一般偏差。毫无疑问，探究不同群体的意象差异也将会是一个有趣的课题。

迄今为止，我们的研究能够肯定的仅仅是存在一个一致的意象，当你不在那里时可以用它来描述和回想这个城市。这也许与真实作用于环境时使用的意象完全不同，检查其中存在的差异性，只能是通过一些被访者的实地行程和那些街头采访。后者虽然有一定的局限性，而且仅限于口头的表述，但似乎承认了"回想意象"的存在。实地行程获得的结论模棱两可，它经常挑选一些与办公室访谈时不同但基本结构大致相同的路线。在现场录制的音带中，出现了更多详细的标志物。遗憾的是，这些录音由于技术问题，声音相当微弱，不那么令人满意。通过回想传达给另一个人的意象，与现场人们的不相互交流的意象之间，多半存在一定的差异。不过它们也可能并非截然不同，而是逐渐过渡的。最起码地，研究资料显示行为与可交流意象之间的相互关系，并指出后者强烈的情感意义。

经过一些改进，我们预先假设的元素类型，包括节点、区域、地标、边界、道路，通过研究资料大半都得到了证实。这并不是像原型一样，证实这种分类的存在性，而是证明这些分类能够有效、连贯、毫不费力地包容所有的资料。道路经证明在数量上是主导元素，我们调研的三个城市中，道路在所有类别元素中占有的百分比一直非常稳定。唯一不同的是在洛杉矶，人们的注意力从道路和边界转向地标。对于一个以汽车为导向的城市，这是一个引人注目的变化，不过也有可能是缺少变化的网格道路造成的。

虽然我们有大量关于单个元素和元素类型的资料，但有关元素的相互关系、形态、序列和整体的资料相对缺乏。探讨更好的方法来研究这些重要的领域，是一项迫切的任务。

作为设计基础的方法

也许对这些普遍的批评意见进行总结的最好方式，是推荐一种意象分析手段，回避上面提到的各种各样的困难，使之发展成为任一特定城市进行未来视觉形态规划的基础。

这一过程应从两方面的研究开始。首先，由两至三位受过训练的观察者对实地进行全面的调研，以步行和乘车两种方式，分别在白天和晚上，对城市进行有系统的勘察，并辅以前文所述的一些带着"问题"的行程。最终形成的实地分析地图和简要报告，将会涉及意象的强弱以及整体和部分的形态。

与此并行的另一个步骤是进行大范围的采访，取样争取能够涵盖整体的人口特征。对取样的采访可以同时进行，也可以分成几个组来完成。被访者将被要求做以下四件事情：

1. 快速画出所问地区的草图，标示出最有趣和最重要的特征，能够向初来者提供充足的信息，使他出行时不会有太多的困难。

2. 根据一两条想象中的行程，画出沿途线路和事件的近似草图，行程的选择应该能够覆盖区域的长度或宽度。

3. 书面列出城市中感觉最有特色的部分，采访者应解释什么是"部分"和"有特色"。

4. 书面写出"_____位于哪里"之类的几个问题的简要答案。

接下来对测试结果进行总结，统计元素被提的频率及相互联系，分析绘图的先后顺序、生动的元素、结构的意义以及复合的意象等等。

然后把实地调研与大量采访的结果相互比较，研究公共意象和视觉形态之间的关系，对整个地区意象的强弱进行第一轮分析，以此确定一些值得进一步关注的关键点、关键序列和形态。

下一步即开始对这些关键问题进行第二轮的调查研究。选择少数人进行单独的访谈，要求他们确定某些关键元素的位置，在一些简短的、想象的行程中运用这些元素，同时加以描述，画出这些元素的草图，并讨论他们对这些元素的感情和记忆。其中几个被访者将会被带到这些特殊地点，实地完成一次涉及这些元素的简短行程，在现场还要进行描述和讨论。至于询问从不同起点去往某个元素的路线，也可以通过在街头随机抽样来完成。

在分析了第二轮研究的内容和问题之后，将对这些元素进行同等深入细致的实地调研。在现场不同的光线、距离、行为和运动的条件下，详细研究其个性和结构。这些研究将利用访谈的结果，但并不会局限于这些内容。附录 C 中对波士顿两个元素的细致研究，已成为可借鉴的范例。

所有这些资料最终将综合形成一系列的地图和报告，以此产生一个地区基本的公共意象，说明一般的形象问题和强度、关键元素和元素间的相互关系，以及其细部特征和变化的可能性。适应时代，不断进行修正的这一分析过程，将会成为一个地区进行未来视觉形态规划的基础。

未来研究方向

上面提到的批评意见，和前几章的许多篇幅，都指出了一个尚未解决的问题。下一步需要做的一些分析工作显而易见，不过仍存在一些难以把握但十分重要的问题。

我们接下来迫切需要完成的，是运用刚才所述的分析方法，进行更恰当的人口取样测试。由此得出的结论将更加合理、可靠，同时能进一步完善适用于实践的手段。

我们实际研究了三个城市的环境，如果在更大范围内进行比较，对被访者的了解也会更加丰富。城市的环境多种多样，有的很新、有的很老，有的紧凑，有的分散，有的密集，有的稀疏，有的混乱、有的严整，因此其意象特征也千差万别。为什么一个乡村的公共意象会有别于曼哈顿？一座湖滨城市会比铁路沿线的城市更容易形成概念吗？这种研究将汇总成一个有关物质形态作用的资料库，城市的设计师可以参照其进行工作。

如果将这些方法应用于不同尺度或不同功能的环境里，比如一幢建筑、一处景观、一个交通系统或是一个山谷地带，会和在城市里一样有趣。就实际工作需要而言，最迫切的是在大都市范围内应用和调整这些观念，这一点目前超出我们所感知的范围，似乎遥不可及。

关键的差别很可能同样源于观察者自身。当规划成为一门世界范围内的学科后，规划师开始为其他国家做一些工作时，我们有必要明确，在美国发现的这些观念并不仅仅是地域文化的衍生物。试想一个印度人会如何看待他的城市？意大利人呢？

这些差异不仅在国际实践中，而且在本国范围内也会给分析家带来一定困难。他可能会受到地域思考方式的禁锢，尤其是在美国，可能还会受到自身社会阶层的限制。如果说城市是为了满足众多群体的使用需求，那么了解各主要群体建立环境意象的方式就显得十分重要。同样，了解个性类型的重大差异性也很重要。然而我们目前的研究仍局限于取样的共同特性。

如果让那些使用静态分级体系与使用动态展开联系的意象进行比较，是否会出现一些意象类型呢？让那些具体的意象和抽象的意象相比较呢？比如它是稳定、不可转移的类型，或仅仅是特殊训练或环境作用的结果。这类研究将非常有意义。还应更进一步研究的内容包括：这些类型是如何相互关联的？一个动态的意象体系也能具有定位结构吗？同时，可交流的记忆意象与现场操作时使用的意象两者之间的关系，也应该进行调查。

所有这些问题并不仅仅局限于理论方面。城市是许多群体的生活场所，只有分别了解群体和个体的意象以及相互关系，才能建构一个让所有人都满意的环境。在认识到这一点之前，设计者还必须继续依赖共同特性或公共意象，另外还需要提供类型尽可能多的意象的构造材料。

目前的研究仍局限于某个时间点存在的意象。为了更好地理解它们，我们应该了解意象的形成方式，诸如，一个陌生人是怎样建构一个崭新的城市意象的？一个孩童对世界的意象是怎样形成的？这些意象是如何被教授和传达的？什么样的形态最适于意象的形成？一座城市应该既具有一个能让人很快掌握的明显结构，又具有一个潜在的结构，可以让人逐步地建立起一个更加复杂的、全面的意象。

接连不断的城市改造产生了一个共同的问题，即如何调整意象以适应外界的变化。今天的居民流动性更大、迁移更为频繁，如何经历剧变又能保持意象的连续性，就成为一个十分重要的问题。意象怎样随变化调整？调整的范围有可能多大？何时会忽略甚至歪曲现实以保留意象地图？何时意象会中断，代价又如何？如何通过形体的连续性来避免意象的中断？或者一旦中断发生，如何促使新意象的形成？建立适应变化的、开放的、在面对现实压力时坚韧而更具弹性的环境意象，是一个特殊的问题。

这再次涉及一个事实：意象不只是外部特征的结果，而且是观察者的创作，因此通过教育有可能会改善意象的特性。可以引导人们进行一项实地学习，通过一些设施或活动，比如博物馆、讲座、城市漫步、学校课题研究等等，教会人们如何在城市环境中拥有良好的方位感。同时可能还要利用某些符号设施，比如地图、招牌、图表和指路机等等。一个表面上无序的物质世界，如果能发明一种象征性的图解，说明各主要特征之间的关系，帮助意象的形成，那么这种表面的无序就可以得到澄清。展示在伦敦的各个地铁站台的地铁系统图解地图，就是这样一个很好的实例。

上面已经多次提到未来最重要的研究方向，即如何从一个整体领域来理解城市意象，并探究各个元素、形态或序列之间的相互关系。城市感知在本质上是一种时间现象，其对象是一个尺度非常巨大的物体。如果环境是作为一个有机的整体来被人感知的，那么弄清楚各部分直接的环境关系仅仅是第一步，更重要的是寻找理解和巧妙处理整体的方法，它至少要能够解决序列问题并阐明形态。

　　最终这些研究的一部分在某些方面有可能进行量化分析，例如，确定一个主要城市方向需要多少信息，或者相对的冗余度有多少。还可以调查识别的速度，满足安全感需要得到的重复信息，以及一个人能够保留的环境信息量。这反过来又联系到前文所说的符号设施和指路机的潜能。

　　不过看起来工作的核心好像与数量无关，至少在一段时间内，形态和序列仍将是主要的研究方向。它们涉及的将是复杂的、暂存的形态的表现手法。尽管这是技术上的问题，但仍属于有一定难度的基本问题。在这种形态能够被理解和运用之前，需要寻找代表其本质的方法，以此不必重复最初的体验就可能相互交流。这仍是令人相当困惑的一个问题。

　　我们对问题最初的兴趣是为了控制物质生活环境，因此在具体设计的问题中试验这些观念，也应是未来研究的重要课题。应该开发可意象性的设计潜力，并检验它是否能够形成城市规划设计的基础。

　　至此，未来研究最有意义的课题应该包括这些内容：将这些概念应用于大都市地区，并延伸到对主要群体差异性的关注上；适应变化的意象发展和调整；作为一个完整、暂存形态的城市意象；可意象性概念的设计潜力。

附录 C　两个实例分析

图 49，见 151 页

我们应该把波士顿的两个相邻地区，即高度可识别的灯塔山地区和位于其下面混乱的斯克利广场节点，拿出来作为实例，研究可创造城市元素的详细视觉分析类型，以及这种分析与访谈结果的关系。图 49 表明了这两个元素在波士顿市中心地区所处的战略性位置，以及它们与城西端、中心商业区、波士顿公园、查尔斯河之间的关系。

灯塔山

图 50，见 151 页

灯塔山是城市中最终保留下来的原始山丘之一，它位于商贸中心与查尔斯河之间，横亘在南北交通要道之中，在城中的许多地方都能看得见它。在区域地图上详细标明了山上的路网和建筑分布情况。这是一个特殊的地方，它位于一个美国城市中更显得非同寻常。这里有保存完好的 19 世纪早期的遗迹，依然有人居住而且充满生气，一块静谧、宜人的上流社会居住区，与大都市的绝对中心毗邻。在访谈中，这个相对鲜明的意象又得到了强化。

大家一致认为灯塔山独一无二，从远处都能看见，感觉是波士顿的象征。众所周知，它位于城市中心位置，与市中心区相邻，灯塔街将其清晰界定，街另一侧就是波士顿公园。很自然地，剑

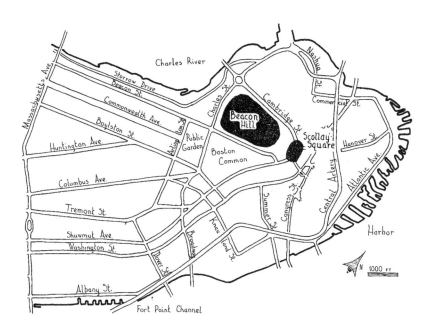

图 49　灯塔山和斯克利广场位置

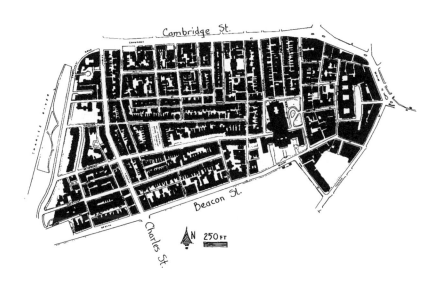

图 50　灯塔山的街道和建筑

桥街将其与城西端隔开，大多数被访者都认为它在查尔斯街就终止了，少数人有些犹豫，觉得下面的一些地区也应该包括在内，几乎每一个人都能意识到它与查尔斯河的联系。第四条边界不太确定，通常是说在乔伊街或鲍登街，不过这里本身就是一个混乱的地区，"无缘无故"地就下到了斯克利广场。

从内部看，它似乎可以分成两个部分，即"后部"和"前部"，无论从表面上还是从社会地位上，都以默特尔街为界。整个路网系统在意象中一般都平行而且整洁，或称作整齐，只是组织得不好，很难穿行。"前部"由几条平行街道组成（其中弗农山街最常被提及），两端分别是路易斯堡广场和州议会大厦。"后部"一直通往剑桥街，乔伊街似乎成了重要的交叉连接点。灯塔街和查尔斯街被看作整体的一部分，剑桥街却被排除在外。

超过半数的被访者在表述他们对灯塔山的意象中使用了下面这些词语（以使用频率递减为序）：

一座鲜明的山
狭窄的、石砌的街道
州议会大厦
路易斯堡广场和花园
树木
漂亮的老房子
凹入的门廊

还有一些经常提到的，比如：

砖砌的人行道
鹅卵石街道
河岸的景观
一块居住区
肮脏和垃圾

社会阶层的差异

后部街角的商店

封闭、弯曲的街道

围栏和雕塑、路易斯堡广场

各种各样的屋顶

查尔斯街上的招牌

州议会的金色穹顶

紫色的窗户

形成对比的一些公寓住宅

下面这些内容则至少有三个人提到：

停放的轿车

凸窗

铁花装饰

拥挤的住宅

古老的街灯

一种"欧洲"风味

查尔斯河

能望见马萨诸塞综合医院

在"后部"玩耍的孩童

黑色的百叶窗

查尔斯街上的古玩商店

三四层的住宅

　　即使凭借那些在街上匆忙的、随意的打听问路，我们也得到了大量的评论，这主要包括：它是一座山，人们需要沿着道路或是台阶向上才能到达；具有标志性的是州议会大厦的金色穹顶和大台阶；灯塔街是它的一条边界，另一侧便是波士顿公园；其中有路易斯堡广场，广场上还有一个围起来的小花园。还有一些超过一个人提到的内容包括: 山上有树木, 是高级居住区; 靠近斯克利广场; 乔伊、格罗吾和查尔斯街都位于其中。这些评论, 虽然简短, 但与那些深入访谈的结果也基本一致。

　　我们来观察一下位于这些意象主题背后的客观事实。这个区域的确与一个独特鲜明的山丘刚好重合在一起, 它最陡的坡朝向查尔斯街和剑桥街, 这个坡一直经过剑桥街快到达城西端了, 但事实上陡坡部分, 即道路竖曲线的变坡点早就过去了, 这个变坡似乎是更重要的视觉形象。坡的边界正好卡在查尔斯街, 这就使得上下两部分的结合非常困难, 我们不久也会发现这一点。不过在另外两边, 边界向上到了半山坡, 灯塔街有一半都位于坡上, 波士顿公园无疑更是由同一个地形特征延续过来的。然而, 空间和特性的改变如此鲜明, 足以超越这种地形上的模糊, 虽然地理意义上的山丘是从特莱蒙街开始的, 而"灯塔山"却清清楚楚是从灯塔街开始的。

　　在东边又是另外一种情况, 大部分的山体被过分拥挤的商业

图 51

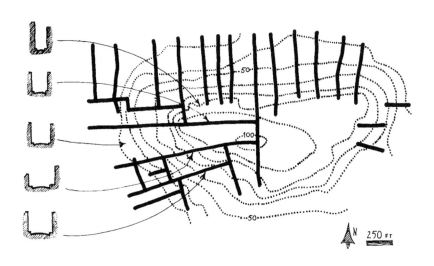

图 51　陡的街道、地形和街道横截面

图 52　从查尔斯街看栗树街

用途占据，以至于把斯克利广场放在了山坡上，斯古尔街的坡度很陡。在这里，现实的地形被忽略了，既不存在大的开放空间，使人能够看清发生的事情，也没有强大的特征变化，能够让人忽略地形的连续性，这无疑就造成灯塔山这一侧的意象模糊不清，以及斯克利广场空间的混乱。

　　在灯塔山内部，无论是视觉上还是通过体力或是平衡的感受，图 51，见 154 页
始终能感觉到坡度的存在。在山的"前部"和"后部"，街道的坡度主要朝向两个不同的方向，更强化了这一地区的分化。

　　位于山前部的开发建设形成的空间特性非常明了，沿街建筑的连续的廊道，处处给人一种宜人的尺度感觉；建筑的立面近在眼前，通常都是三层的联排建筑，让人觉得似乎都是一些独门独户的居所，很难分辨它们是单元住宅还是公寓，或是一些公共机构。图 52
然而在这些有限的特征当中，仍然存在比例上的重要差异，如街道横截面所示。尤其是弗农山街在路易斯堡广场上部的明显变化，北侧一长排的"大"别墅，后退让出了屋前的小院，这是一个引人注目的可喜变化，它并没有打断整体的连续性。

到了山后部，街道空间比例的变化十分显著，建筑变成四到六层高，显然不再是独门独户。由于山坡的这一侧朝北，能照进街道的阳光更加稀少，沿街的廊道空间变得更像是在谷底。这些对空间的比例、阳光、坡度以及社会内涵的感受，成为该地区最基本的特性。

图 53 和 图 54，见 157 页

图 53 和图 54 标识出了其他几种能够体现灯塔山意象的主题元素布局，应该再次说明这些基本上都是山前部的特征。那些散布的砖铺便道、街角小店、凹入门廊、铁花装饰、树木，在某种程度上还有那些黑色的百叶窗，都说明了山前部的与众不同，及其与山后部的差别。这些主题的集中和重复，还有良好的维护，比如磨光的铜饰、鲜亮的粉刷、清洁的步道、整齐的窗户，形成一种聚集效应，给灯塔山的意象更增添了一定的活力。

图 55，见 158 页

凸窗可能算不上什么特征，不过在坡下平克尼街的其中一段，与灯塔山联系在一起的紫色凸窗，在别的地方很少出现。类似的还有鹅卵石铺砌的路面，也只是在路易斯堡广场和昏暗的阿考恩街出现过又短又窄的两条。红砖更可以算得上是通用的建筑材料，在波士顿不能说是独特，但在此它设置了一道连续的色彩和纹理的背景。古老的街灯遍布整个地区。

图 56，见 159 页

山上那些分区，每一个都被空间、坡度、功能、层数、植被等形象特征以及诸如门洞、百叶窗、铁饰之类的细部特征，刻画得栩栩如生。这些特征集中在一起，更强化了分区之间的差异。因此在人们的意象中，山前部是一片急坡，向查尔斯街的区域，拥有尺度宜人的沿街廊道，装饰豪华、精心维护的上流社会住宅，有阳光、行道树、鲜花、砖铺便道、黑色百叶窗、凹入的门廊，街上还有女仆、司机、老太太和漂亮的轿车；山后部坡向剑桥街，阴暗似谷底的街道空间，两边林立的是呆板、破旧的公寓楼，点缀着一些街角的商店，街道肮脏，小孩子们就在路面上玩耍，在红砖建筑中零星出现了一些石头建筑，树木不再沿街种植，而是栽到了建筑物的后院里。

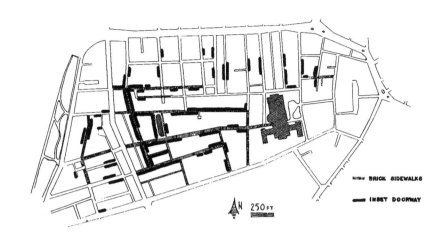

图 53　砖铺便道和凹入的门廊

　　在灯塔山低处，查尔斯街与查尔斯河之间，有许多特征和山前部十分相似，比如植被、红砖、便道、凹廊和铁饰，但是由于没有坡度，以及查尔斯街的阻隔，它成了一个过渡地带。查尔斯街凭自身的地位就可以独立成为一个分区，它是一条有特色的商业街，卖一些相当昂贵或是带有怀旧风格的商品，买家大都是山 图 57，见 159 页

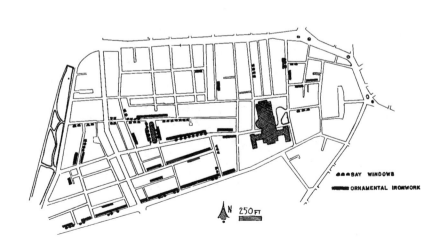

图 54　山前部有铁花装饰的地区

上的住户，那些古玩商店的出现也正说明了这一点。行政分区从大体量的州议会大厦开始，使用功能、空间尺度和街道活动都发生了彻底的变化。在迪恩街下面，汉考克街与萨默塞特街之间的部分，属于一个过渡区域，这里虽然有和灯塔山相同的一些特征，比如斜坡、红砖便道、凸窗、凹廊，还有铁饰，但它被孤立开来，商店、教堂和居住建筑混杂在一起，建筑的维护状况也显示这里住户的社会阶层要低于山前部的住户。缺乏明确的边界，给人们形成这一侧的灯塔山的意象带来了更多的困难。

　　交通流线带来的影响也值得我们注意，总的来说这里缺少必要的道路。由于山前部与后部之间存在阻隔，而且通常去山两侧走的方向也不同，这些都使得山的两边各自独立。州议会大厦将鲍登街与居住区分隔开，只留下拱门下面一条乱糟糟的通道，这似乎是从东面过来的最不可能的一条路。在更大程度上，下山去斯克利广场非常困难，使得广场的位置相对于灯塔山来说总是

图 55　灯塔山的主要街区

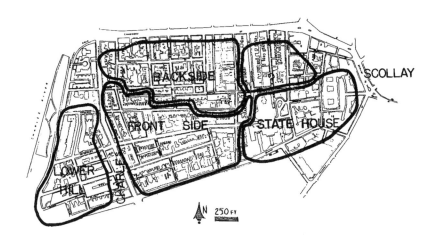

图 56　灯塔山上的分区

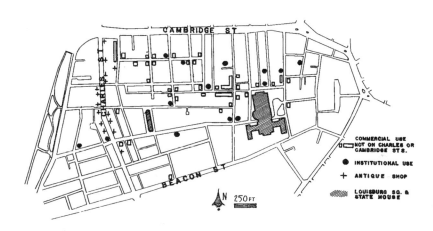

图 57　有商业用途的地标

"飘忽不定"。

　　另外，贯穿其中的街道，弗农山街、乔伊街、鲍登街和查尔斯街，具有更加重要的意义。虽然所有的街道在布局上都是有规则的，上述这些街道实际上都是畅通的，但表面上看似乎被阻断了，这更增添了该地区紧密、宜人的特色。乔伊街、鲍登街、平克尼街是由于道路竖曲线的变化被打断的，弗农山街、塞德街和查尔斯街是因为水平方向的微小转弯而被中断的，余下的其他道路都是死胡同，所以在任何一点你都不可能看穿。

尽管如此，在灯塔山上还是能看到一些很好的景观，尤其是能够像在碉堡上一样纵览查尔斯河，还有从坡顶向下看栗树街、弗农山街、平克尼街、默特尔街和里维尔街等，以及街道陡坡上呈现的景观。从弗农山街向下穿过沃尔纳特街，可以欣喜地瞥见波士顿公园。站在所有南北向的后部街道上，都能够向北饱览城西端的上空，只是那些建筑的屋顶没有什么精彩之处，唯一特别的是从安德森街（前后塞德街和乔伊街之间仅有的联系通道）向下可以看见布尔芬奇医院的旧址。沿平克尼街向上走，能够令人惊讶地看见一座废弃的海关钟塔；沿栗树街向上，则是看州议会大厦金色穹顶的一个十分漂亮的角度。

图 58

图 59，见 161 页

当然，州议会大厦是灯塔山上一个基本的标志物，它独特的形状和功能，还有靠近山顶的位置，以及从波士顿公园能够清晰看见它的特点，都使它成为整个波士顿中心地区的重要建筑。路易斯堡广场，作为前部较低处的一个小居住区节点，也是基本的地点。表面上看它并不显眼，也没有靠近山顶或山脚，几乎没有

图 58　州议会大厦

什么特别的东西能够锁定它,因此它从未被用来作定位标识,而只被认为是在山中的"某个地方",是一个极端"粗略"的位置特征。事实上我们应该注意,为什么山前部的所有主题都集中于此,而且呈现出最纯粹的形态? 广场本身是一个规则的空间,不但对比而且衬托了整个地区的空间特征。它包括非常有名的一条鹅卵石步道,还有围合的一处浓绿的花园,其间点缀着一些雕像,郁郁葱葱的树木和围栏给人"不许进入"的暗示,这都使它更加吸引人们的注意力。有趣的是,尽管位于"山中某地"——这种特征使路易斯堡广场在整体结构中很难明确定位,但它似乎并没有影响广场空间本身形象的牢固性。

图 59

在整个区域结构中还有几个标志物具有一定的重要性,其中一个是位于弗农山街和查尔斯街的宇宙神教堂,它的位置和尖顶都引人注目;还有位于迪恩街面朝州议会大厦的萨福克法律学院,它使行政分区的范围和体量特征得到进一步加强;新英格兰药学院,挤插在弗农山街的居住特征空间中;还有位于平克尼街与安德森街交会处的卡耐基研究院,打断了连续的住宅立面,也标志着

图 57,见 159 页

图 59　路易斯堡广场

通往山后部的入口。山上还有一些其他的非居住功能建筑，但它们都很好地融入整个大背景中了。位于山外部又能够从山上看见的标志物几乎不存在，因此整个山的内部结构只能依赖自身来解决。

灯塔山与城西端的连接有一条鲜明的边界，我们讨论过它与斯克利广场的过渡十分含糊。所有人都很清楚灯塔山面临波士顿公园，但应该补充说明，事实上两者间的直接联系非常薄弱，除了查尔斯街、乔伊街和沃尔纳特街，联系它们的其余街道都是中断的，能够看见大片绿树景观的角度也非常稀少。如果道路或是某个开口空间正好垂直于灯塔街，你会发现山上的植被并没有像公园里那样郁郁葱葱。

几乎每个人都能感受到灯塔山与查尔斯河的一些联系，顺着东西向的街道向下看会看到很好的河道景观。但具体的连接其实非常模糊，因为低处区域的界线模糊不清，河滩变得平坦开阔，斯托罗快车道的阻隔让人很难接近河岸。与查尔斯河的联系，虽然位于山顶时感觉非常明显，但当你慢慢靠近河岸时，联系反而消失了。

尽管灯塔山上的居住人数有限，但在整个城市范围内，它仍然起着非常重要的作用。它的地形、街道空间、树木、社会阶层、细节、维护标准，都与波士顿其他任何一个地区大相径庭。能称得上最为接近的是后湾区，有着类似的建筑材料、植被和联系，在一定程度上相似的用途和地位，但是它们的地形、细部和维护标准不尽相同，不过把这两个地区混为一谈的情况也时有发生。另一个可能有相似性的是位于城北端的科普斯山，也是坐落在山上的一个老居住区，但它的社会阶层、空间和细部都与灯塔山截然不同，而且缺少树木，更不存在边界。

因此我们可以说，灯塔山这个独特的区域，位于城市中心地区，引人注目，连接了后湾区、波士顿公园、中心区和城西端，潜在地控制着整个中心区域并成为焦点，同样潜在地解释说明了查尔斯河出现的转折在整个城市结构中十分重要，否则会让人无从想象。从剑桥区看波士顿，灯塔山的作用更大，它不但形象生动，而且详细说明了全景画面中出现的各部分的先后顺序：后湾区—灯塔山—城西端。因为灯塔山是逐渐升起的，而且进入其中有一些阻碍，除了从城西端和波士顿公园，在城市的其他地方都无法看到它的整体。作为一个交通障碍，它引导着车流环绕其山脚行进，将人们的注意力集中在环行的街道和节点上，也就是查尔斯街、剑桥街和斯克利广场上。

经证明，灯塔山是由于物质特征的支撑，形成受人欢迎的强烈意象，其中包含许多有关道路、坡度、空间、边界分布和细部特征积聚而形成意象的例证。但无论如何，它仍然呈现了一些作为主导意象似乎不该具有的特征，诸如内部的分化，以及与查尔斯河、波士顿公园和斯克利广场之间联系上的缺陷，还有在向整个城市宣传它的杰出形象，尤其是外部形象时，略显不足。但尽管如此，这个特殊的城市意象带给人们的力量、满足和愉悦，以及它的连续性、人性化，仍然不容置疑。

斯克利广场

斯克利广场完全是另外一种情况，作为节点，其结构生动，但似乎又很难进行定义或描述。从图 49 中，我们可以了解它在波士顿所处的位置，以及作为交通枢纽的战略地位。图 60 是广场附近更详尽的一张地图，显示了它基本的物质特征。

图 49，见 151 页
图 60，见 165 页

斯克利广场在公众心目中的意象，是位于环灯塔山的道路上，联系中心区与城北端之间的一个重要节点。与它连接的有剑桥街、特莱蒙街、考特街（抑或是国政街），还有一连串的街道分别通往道克广场、范纽尔大厅、甘草市场广场和城北端。汉诺威街曾一度由此直通城北端，但现在被阻塞了，也变得让人迷惑。有时人们甚至会把斯克利广场延伸到将鲍登广场也包括在内。

除了那些轻车熟路的人，一般很少有人能记住通往佩姆伯顿广场的入口。不过，剑桥街与广场的连接十分清晰，连接的曲线也非常生动。一旦进入特莱蒙街，就能够明确地认出它，但其入口很不显眼，又时常让人拿不准。许多被访者都认为华盛顿街也通向斯克利广场，而且总是弄不清特莱蒙街、考特街、国政街以及想象中的华盛顿街之间的关系。大家除了都知道汉诺威街被阻断了，没有人能同时知道或分辨通往道克广场、城北端和甘草市场广场的道路。总的来说，人们似乎都能很快找到路，该转弯的时候转弯，直到走到山下。灯塔山和斯克利广场之间的位置关系最为重要，山在高处，而广场是在半山腰的一处坡地上；剑桥街和特莱蒙街的方向平行于等高线，其余的街道都垂直于等高线。

广场没有确定的形状，这很难想象。虽然与鲍登广场相连的一端还有点与众不同，但人们还是说它"只是一些街道的交会处"，主要特征就是位于中心部位的地铁出入口。人们普遍认为，这里的功能处于社会的边缘，泛滥着一种破败的、低级趣味的氛围。

超过半数的被访者认同下面这些有关斯克利广场的描述：

> 剑桥街与广场相连，逐渐弯曲、变细；
> 广场位于半山腰，上下山的路都集中在这儿。

超过四分之一的被访者认为：

> 特莱蒙街与之相连；
> 中间有一个地铁出入口；
> 汉诺威街与之相连；
> 考特街（抑或是国政街）从广场引出，曲折下山。

至少有三个人有如下的描述：

> 有道路向下通往道克广场和范纽尔大厅；

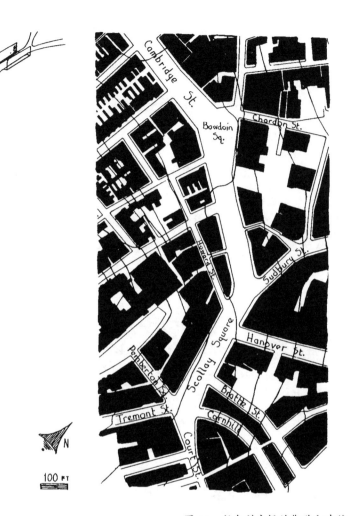

图 60 斯克利广场的街道和建筑

周围有酒吧；

与华盛顿街的联系让人感到有些糊涂。

在街上问路得到的是如下这些频繁出现的评论：

它位于地铁线上；

特莱蒙街与之相连。

街头问路中有二到四人提出下面这些看法：

剑桥街与之相连；

华盛顿街与之相连；（错误）

中间有一个地铁出入口；

道路从上下两侧与之相连；

从城北端过来的道路与之相连，在远处位于干道下面；

影剧院；

一个"波士顿广场"，只是一些道路的交会处；

一个"大"广场，一个"大空间"；

一端有停车场。

　　显然，除了列举出的一些连接的道路，大多数的描述抽象且时常混淆，这些评论比起灯塔山来可以说少得可怜。不过斯克利广场虽然表面上比较暗淡，但在波士顿它仍然充当着关键的结构角色。

图60，见165页

　　事实上平面规划中的斯克利广场是一个相当有序的空间，在严格意义上是从萨德伯里街到考特街的一个扁长方形，不规则地与一些小街道相连。在平面中，道路系统呈一个简单的纺锤形，附带在一侧伸出三条路，在另一侧伸出两条，应该说这种规划还是有一定道理的。然而在空间现实中，序列就不那么明显了。参差不齐的边界和大量的机动交通把整个空间分隔得支离破碎，倾

图61，见167页

斜交错的路面也让人烦恼。如果说有什么东西能够给人一些稳定感的话，那就是位于剑桥街和萨德伯里街的夹角处面向广场的巨大而华丽的广告牌，虽然不太好看，也算是广场空间的一个明确的结束标志。

　　萨德伯里街作为纺锤形的一个"臂"，看起来相对次要，同时一堆的街道入口让人无从分辨，造成这里道路形态的含混不清。在整个广场和与之相连的道路上，都会有一种位于半山腰的感觉，再加上已经丧失了空间的稳定感受，因此与看不见的地方的联系

就成为首要的关键。

广场的空间继续向西北方向延伸，通过宽阔的剑桥街与鲍登广场又连在了一起。鲍登广场更确切地说是一个交叉口，是剑桥街上的一处空间变形。位于鲍登广场和斯克利广场之间的空间更是完全无拘无束，几乎到了如果不跟随车流，就无法保持方向的地步。来来往往的行人、车辆是这个地区给人的主要印象，广场中始终挤满了汽车，不用看别的特征，只要看哪条路车多，便知哪条是主路。

在广场内部的有形建筑中，几乎没有东西能让人感到具有同样的特征，建筑的形状、规模多种多样，建筑材料也是新旧混杂，唯一的共同特征就是到处呈现的破败景象。不过，建筑底层的功能和用途具有更多的连续性。广场两侧，分别有一连串的酒吧、大众餐馆、娱乐厅、影剧院、折扣店，或是一些卖二手货、小商品的店面，除了西侧断断续续有几家店面在空置，东侧的店铺一家挨一家。与这些用途相关联的，还有立面和招牌的细节，以及便道上行人的特征。因为总是有一些无家可归者、酒鬼和上岸的

图 61 从斯克利广场向北看

海员在周围闲逛，虽然位于市中心，这里却并不非常拥挤。夜晚的斯克利广场，更加容易与波士顿市中心的其他地域区分开来，因为这里的光线、活动、便道上的人群，和黑暗、宁静的城市在一起，愈发显得格格不入。

因此，斯克利广场给人最主要的视觉印象是空间的无序、交通的拥挤和明显的斜坡地形，建筑的破旧、用途的特殊以及有特色的居民。这些特征中的大部分在整个城市里都称不上特殊，所以斯克利广场也就时常与别的地方发生混淆。破旧的建筑和其中的许多用途，在临近市中心的无数地方都存在，比如沿华盛顿大街，位于多佛街和百老汇街之间的地段，这种特殊用途与居住阶层的结合表现得更为强烈。多条道路形成的混乱的交叉口更是屡见不鲜，诸如鲍登广场、道克广场、帕克广场、格林教堂、哈里逊和埃塞克斯街等，不胜枚举。斯克利广场扁长方形的平面还算是比较特别，但它在视觉上并不明显。于是这个节点的倾斜坡度，以及它与波士顿整个城市结构的关系，毫无疑问地成为辨别它的最根本特征。

由于斯克利广场最重要的作用是充当道路的连接点，所以重要的不是静止地看待它，而是在接近或是离开它时，观察它如何展现自己。特莱蒙街伸入广场一点点，从这里看到的广场，是一片位于低处的建筑群和明显的中心商务区的边界，首先映入眼帘的是一幢古老的红砖建筑，和考恩希尔转角处的标志，然后看到一处开放的空间，和它左侧一块经风雨侵蚀已显破旧的招牌，而最引人注意的是拥挤不堪的车流。

华盛顿街最初通往道克广场，考特街将它与斯克利广场相连。虽然在街角处耸立着州议会大厦，但考特街仍然是一条次要的、普通的街道，它与斯克利广场的连接显得生硬而造作。

剑桥街向东南方向，一直正对着位于鲍登广场边庞大而毫无特色的电话大楼。在这儿，道路只是挤入混乱的广场空间中，所有关于目标和方向的感觉都丧失了。仅仅是因为萨德伯里街呈现的一个转折，广场上酒吧的门面、后面高耸的写字楼，还有中间的地铁出入口，都清晰地显现出来。

从山下过来的萨德伯里街、汉诺威街、布拉特尔街和考恩希尔街，在接近广场时都呈现出明显的坡度。在每条街上，你都能感觉到前面有一处敞开的空间，还有越来越密集的酒吧和其他一些场所。但总的来说，比起佩姆伯顿广场在天际线中出现的高塔，斯克利广场远远不能给人一些预先的提示，它似乎是一个结束点，或只是街道的一个转折点。考恩希尔街向上的曲线，实现了当时的设计意图，自身提供了一个令人愉快的空间体验。但是一到斯克利广场，一切就又变得索然无味。在上山的这一侧，从佩姆伯顿广场和霍华德街看过来，斯克利广场也很难辨别。只有从剑桥街方向，虽然在鲍登街出现了一些混乱，但还是能看出一些斯克利广场的个性特点。

剑桥街向外的方向也相对清晰，只是曾经一度十分重要的汉诺威街从这个方向看，除了有一些宽度的差别，就没有什么别的特点了。萨德伯里街承载了大量的机动交通，而就其规模和两侧的建筑用途看来，又似乎是一条非常次要的街道。从北边看过来，本来重要的特莱蒙街在入口处急剧地转了一个角度，差一点就看不见了。许多被访者都很难确定这个路口的位置，不过一旦确定，在特莱蒙街上的方向就变得十分清晰，沿街会依次出现灯塔山剧院、帕克旅馆、国王小礼拜堂、特莱蒙教堂、格兰纳雷墓地和波士顿公园等一系列的节点。

尽管从考特街上机动交通单向上行进入广场，这条路仍将斯克利广场的空间强有力地引向山下，并微微向左偏转了一些。如果继续沿着考特街往下走，人们会感觉不到华盛顿街的存在，而只能看到老的州议会大厦和一个混乱的空间，因此华盛顿大街和斯克利广场之间的关系从两个方向看都模糊不清。

更让人迷惑的是，考特街和考恩希尔街进入斯克利广场的路口非常接近，然而在一个街区之外的终点给人的印象，又像国政街和道克广场一样远远地分开。于是我们又得出一个结论，在从斯克利广场向外部的移动中，剑桥街仍是唯一的清晰明确的道路，特莱蒙街也有类似的麻烦，只是短一些。

斯克利广场与外部的一些联系，并不是通过斜坡或是道路，而是通过向外的视野取得的。其中包括鲍登广场的电话大楼、佩姆伯顿广场的安耐克斯法院（这两者除了高度不同，在建筑风格上几乎无法分辨），海关塔楼也非常突出，是从东南方向岸边和国政街低处看过来的标志性建筑。最显眼的是南部天际线中大量的写字楼群，它们指示了邮政广场所处的方位，也进一步明确了斯克利广场处于市中心区边缘地带的地位。

与灯塔山和联邦大街不同，斯克利广场从外部基本上看不见，只有在快要到达时才能看见。只有那些有经验的人能记起来，并从远处指出安耐克斯法院就是非常靠近斯克利广场的地方。

图 62，见 171 页

在广场内部几乎没有什么能用来辨别方向和广场的各个部分，主要的标志物就是地铁出入口和报亭，以及位于车流当中的一个椭圆形地带，造型低矮。即使是这个主要标志，从远处看也会变得很难分辨。它的醒目是由于上面黄色字体的标志和地面上出现的洞口，但这种印象又因为后边的另一个位于相似的椭圆形基座上的相似结构而弱化。而后一个只是地铁出口，很少使用并且附近没有报亭，给人一种废弃的感觉。好像所有人都以为地铁的出入口处于斯克利广场的中间位置，而事实上它几乎是在最端头。广场上另一个引人注目的细节是在佩姆伯顿街和特莱蒙街转角处，有一个用鲜亮字母作标志的烟草商店，它位于萨福克银行脚下，与银行高耸的直墙形成鲜明的对比。

广场里有关辨别方向的线索更是稀少，只有地形向侧面的倾斜，还有主线上的交通能给人一种轴线上的感觉。在空间上，密集的建筑中没有令人愉快的渐变。位于南部高层建筑的天际线，和位于北端的广告牌，是在广场上用来确定方位的基本标志。

不过在用途和活动的变化中也有大量关于方向的信号。在南端，行人和转弯的机动车最密集；有一些服务于市中心商务区的商业类型，比如百货店、餐馆和烟店；行人也多是一些上班族和购物者。广场的东边则集中了较多的廉价货品商店，而西边则多是

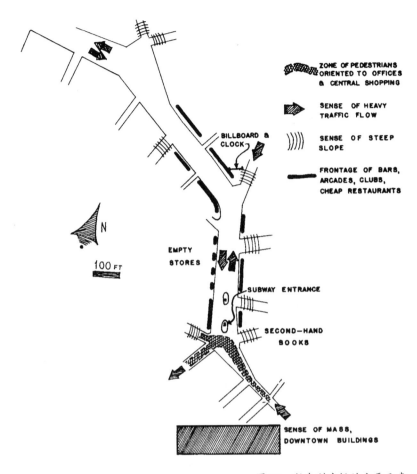

图 62 斯克利广场的主要元素

一些廉价旅馆和出租房屋，向上一直通往灯塔山过渡地带的边缘，这里的行人一般都是一些与广场有关系的人群。考恩希尔街附近一连串的旧书店可以算是广场内部的又一个线索，北侧边缘则是一些阁楼和仓库。因此，虽然斯克利广场在物质上尚不成形，但其内部能够通过坡度、交通和用途的格局来进行区别、构造。

斯克利广场具有扁长方形的空间、纺锤形的路网形态和山坡上密集的房屋，认识到这些潜在的形态之后，下一步还需要有视觉特征来匹配它功能上的重要性。为了实现其结构作用，还需要在进出两个方向上阐明和每一条重要街道的连接关系。斯克利广场位于波士顿半岛老区的中心点，作为一连串区域如灯塔山、城西端、城北端、集市区、金融区和中心购物区的中心，又是一些重要道路如特莱蒙街、剑桥街、考特—国政街和萨德伯里街的连接点，处于三个高度依次下降的广场——佩姆伯顿广场、斯克利广场和道克广场的中间位置，它有潜力能够起到更加引人注目的视觉作用。而现在斯克利广场的功能地点，不但使"好"人们感到不太安全，而且错失了一个创造伟大视觉形象的机会。

书 目

1. Angyal, A., "Über die Raumlage vorgestellter Oerter," *Archiv für die Gesamte Psychologie,* Vol. 78, 1930, pp. 47–94.

2. Automotive Safety Foundation, *Driver Needs in Freeway Signing,* Washington, Dec. 1958.

3. Bell, Sir Charles, *The People of Tibet,* Oxford, Clarendon Press, 1928.

4. Best, Elsdon, *The Maori,* Wellington, H. H. Tombs, 1924.

5. Binet, M. A., "Reverse Illusions of Orientation," *Psychological Review,* Vol. I, No. 4, July 1894, pp. 337–350.

6. Bogoraz-Tan, Vladimir Germanovich, "The Chukchee," *Memoirs of the American Museum of Natural History,* Vol. XI, Leiden, E. J. Brill; and New York, G. E. Stechert, 1904, 1907, 1909.

7. Boulding, Kenneth E., *The Image,* Ann Arbor, University of Michigan Press, 1956.

8. Brown, Warner, "Spatial Integrations in a Human Maze," *University of California Publications in Psychology,* Vol. V, No. 5, 1932, pp. 123–134.

9. Carpenter, Edmund, "Space Concepts of the Aivilik Eskimos," *Explorations,* Vol. V, p. 134.

10. Casamajor, Jean, "Le Mystérieux Sens de l'Espace," *Revue Scientifique,* Vol. 65, No. 18, 1927, pp. 554–565.

11. Casamorata, Cesare, "I Canti di Firenze," *L'Universo,* Marzo-Aprile, 1944, Anno XXV, Number 3.

12. Claparède, Edouard, "L'Orientation Lointaine," *Nouveau Traité de Psychologie,* Tome VIII, Fasc. 3, Paris, Presses Universitaires de France, 1943.

13. Cornetz, V., "Le Cas Elémentaire du Sens de la Direction chez l'Homme," *Bulletin de la Société de Géographie d'Alger,* 18e Année, 1913, p. 742.

14. Cornetz, V., "Observation sur le Sens de la Direction chez l'Homme," *Revue des Idées,* 15 Juillet, 1909.

15. Colucci, Cesare, "Sui disturbi dell'orientamento topografico," *Annali di Nevrologia,* Vol. XX, Anno X, 1902, pp. 555–596.

16. Donaldson, Bess Allen, *The Wild Rue: A Study of Muhammadan Magic and Folklore in Iran,* London, Lirzac, 1938.

17. Elliott, Henry Wood, *Our Arctic Province,* New York, Scribners, 1886.

18. Finsch, Otto, "Ethnologische erfahrungen und belegstücke aus der Südsee," Vienna, Naturhistorisches Hofmuseum, *Annalen.* Vol. 3, 1888, pp. 83–160, 293–364. Vol. 6, 1891, pp. 13–36, 37–130. Vol. 8, 1893, pp. 1–106, 119–275, 295–437.

19. Firth, Raymond, *We, the Tikopia,* London, Allen and Unwin Ltd., 1936.

20. Fischer, M. H., "Die Orientierung im Raume bei Wirbeltieren und beim Menschen," in *Handbuch der Normalen und Pathologischen Physiologie,* Berlin, J. Springer, 1931, pp. 909–1022.

21. Flanagan, Thomas, "Amid the Wild Lights and Shadows," Columbia University Forum, Winter 1957.

22. Forster, E. M., *A Passage to India,* New York, Harcourt, 1949.

23. Gatty, Harold, *Nature Is Your Guide,* New York, E. P. Dutton, 1958.

24. Gautier, Emile Félix, *Missions au Sahara,* Paris, Librairie A. Colin, 1908.

25. Gay, John, *Trivia, or, The Art of Walking the Streets of London,* Introd. and notes by W. H. Williams, London, D. O'Connor, 1922.

26. Geoghegan, Richard Henry, *The Aleut Language,* Washington, U. S. Department of Interior, 1944.

27. Gemelli, Agostino, Tessier, G., and Galli, A., "La Percezione della Posizione del nostro corpo e dei suoi spostamenti," *Archivio Italiano di Psicologia,* I, 1920, pp. 104–182.

28. Gemelli, Agostino, "L'Orientazione Lontana nel Volo in Aeroplano," *Rivista Di Psicologia,* Anno 29, No. 4, Oct.–Dec. 1933, p. 297.

29. Gennep, A. Van, "Du Sens d'Orientation chez l'Homme," *Réligions, Moeurs, et Légendes,* 3e Séries, Paris, 1911, p. 47.

30. Granpré-Molière, M. J., "Landscape of the N. E. Polder," translated from *Forum,* Vol. 10:1–2, 1955.

31. Griffin, Donald R., "Sensory Physiology and the Orientation of Animals," *American Scientist,* April 1953, pp. 209–244.

32. de Groot, J. J. M., *Religion in China,* New York, G. P. Putnam's, 1912.

33. Gill, Eric, *Autobiography,* New York City, Devin-Adair, 1941.

34. Halbwachs, Maurice, *La Mémoire Collective,* Paris, Presses Universitaires de France, 1950.

35. Homo, Leon, *Rome Impériale et l'Urbanisme dans l'Antiquité,* Paris, Michel, 1951.

36. Jaccard, Pierre, "Unė Enquête sur la Désorientation en Montagne," *Bulletin de la Société Vaudoise des Science Naturelles,* Vol. 56, No. 217, August 1926, pp. 151–159.

37. Jaccard, Pierre, *Le Sens de la Direction et L'Orientation Lointaine chez l'Homme,* Paris, Payot, 1932.

38. Jackson, J. B., "Other-Directed Houses," *Landscape,* Winter, 1956–57, Vol. 6, No. 2.

39. Kawaguchi, Ekai, *Three Years in Tibet,* Adyar, Madras, The Theosophist Office, 1909.

40. Kepes, Gyorgy, *The New Landscape,* Chicago, P. Theobald, 1956.

41. Kilpatrick, Franklin P., "Recent Experiments in Perception," *New York Academy of Sciences, Transactions,* No. 8, Vol. 16. June 1954, pp. 420–425.

42. Langer, Suzanne, *Feeling and Form: A Theory of Art,* New York, Scribner, 1953.

43. Lewis, C. S., "The Shoddy Lands," in *The Best from Fantasy and Science Fiction,* New York, Doubleday, 1957.

44. Lyons, Henry, "The Sailing Charts of the Marshall Islanders," *Geographical Journal,* Vol. LXXII, No. 4, October 1928, pp. 325–328.

45. Maegraith, Brian G., "The Astronomy of the Aranda and Luritja Tribes," Adelaide University Field Anthropology, Central Australia no. 10, taken from *Transactions of the Royal Society of South Australia,* Vol. LVI, 1932.

46. Malinowski, Bronislaw, *Argonauts of the Western Pacific,* London, Routledge, 1922.

47. Marie, Pierre, et Behague, P., "Syndrome de Désorientation dans l'Espace" *Revue Neurologique,* Vol. 26, No. 1, 1919, pp. 1–14.

48. Morris, Charles W., *Foundations of the Theory of Signs,* Chicago, University of Chicago Press, 1938.

49. *New York Times,* April 30, 1957, article on the "Directomat."

50. Nice, M., "Territory in Bird Life," *American Midland Naturalist,* Vol. 26, pp. 441–487.

51. Paterson, Andrew and Zangwill, O. L., "A Case of Topographic Disorientation," *Brain,* Vol. LXVIII, Part 3, September 1945, pp. 188–212.

52. Peterson, Joseph, "Illusions of Direction Orientation," *Journal of Philosophy, Psychology and Scientific Methods,* Vol. XIII, No. 9, April 27, 1916, pp. 225–236.

53. Pink, Olive M., "The Landowners in the Northern Division of the Aranda Tribe, Central Australia," *Oceania,* Vol. VI, No. 3, March 1936, pp. 275–305.

54. Pink, Olive M., "Spirit Ancestors in a Northern Aranda Horde Country," *Oceania,* Vol. IV, No. 2, December 1933, pp. 176–186.

55. Porteus, S. D., *The Psychology of a Primitive People,* New York City, Longmans, Green, 1931.

56. Pratolini, Vasco, *Il Quartiere,* Firenze, Valleschi, 1947.

57. Proust, Marcel, *Du Côté de chez Swann,* Paris, Gallimand, 1954.

58. Proust, Marcel, *Albertine Disparue,* Paris, Nouvelle Revue Française, 1925.

59. Rabaud, Etienne, *L'Orientation Lointaine et la Reconnaissance des Lieux,* Paris, Alcan, 1927.

60. Rasmussen, Knud Johan Victor, *The Netsilik Eskimos* (Report of the Fifth Thule Expedition, 1921–24, Vol. 8, No. 1–2) Copenhagen, Gyldendal, 1931.

61. Rattray, R. S., *Religion and Art in Ashanti,* Oxford, Clarendon Press, 1927.

62. Reichard, Gladys Amanda, *Navaho Religion, a Study of Symbolism,* New York, Pantheon, 1950.

63. Ryan, T. A. and M. S., "Geographical Orientation," *American Journal of Psychology,* Vol. 53, 1940, pp. 204–215.

64. Sachs, Curt, *Rhythm and Tempo,* New York, Norton, 1953.

65. Sandström, Carl Ivan, *Orientation in the Present Space,* Stockholm, Almqvist and Wiksell, 1951.

66. Sapir, Edward, "Language and Environment," *American Anthropologist,* Vol. 14, 1912.

67. Sauer, Martin, *An Account of a Geographical and Astronomical Expedition to the Northern Parts of Russia,* London, T. Cadell, 1802.

68. Shen, Tsung-lien and Liu-Shen-chi, *Tibet and the Tibetans,* Stanford, Stanford University Press, 1953.

69. Shepard, P., "Dead Cities in the American West," *Landscape,* Winter, Vol. 6, No. 2, 1956–57.

70. Shipton, Eric Earle, *The Mount Everest Reconnaissance Expedition,* London, Hodder and Stoughton, 1952.

71. deSilva, H. R., "A Case of a Boy Possessing an Automatic Directional Orientation," *Science,* Vol. 73, No. 1893, April 10, 1931, pp. 393–394.

72. Spencer, Baldwin and Gillen, F. J., *The Native Tribes of Central Australia,* London, Macmillan, 1899.

73. Stefánsson, Vihljálmur, "The Stefánsson-Anderson Arctic Expedition of the American Museum: Preliminary Ethnological Report," *Anthropological Papers of the American Museum of Natural History*, Vol. XIV, Part 1, New York City, 1914.

74. Stern, Paul, "On the Problem of Artistic Form," *Logos*, Vol. V, 1914–15, pp. 165–172.

75. Strehlow, Carl, *Die Aranda und Loritza-stämme in Zentral Australien*, Frankfurt am Main, J. Baer, 1907–20.

76. Trowbridge, C. C., "On Fundamental Methods of Orientation and Imaginary Maps," *Science*, Vol. 38, No. 990, Dec. 9, 1913, pp. 888–897.

77. Twain, Mark, *Life on the Mississippi*, New York, Harper, 1917.

78. Waddell, L. Austine, *The Buddhism of Tibet or Lamaism*, London, W. H. Allen, 1895.

79. Whitehead, Alfred North, *Symbolism and Its Meaning and Effect*, New York, Macmillan, 1958.

80. Winfield, Gerald F., *China: The Land and the People*, New York, Wm. Sloane Association, 1948.

81. Witkin, H. A., "Orientation in Space," *Research Reviews*, Office of Naval Research, December 1949.

82. Wohl, R. Richard and Strauss, Anselm L., "Symbolic Representation and the Urban Milieu," *American Journal of Sociology*, Vol. LXIII, No. 5, March 1958, pp. 523–532.

83. Yung, Emile, "Le Sens de la Direction," *Echo des Alpes*, No. 4, 1918, p. 110.

版权所有，翻印必究。

北京市版权局著作权合同登记号：图字 01–2014–5578 号

图书在版编目（CIP）数据

城市意象 /（美）凯文·林奇（Kevin Lynch）著；
万美文译 .–– 北京：华夏出版社有限公司，2024.10
　书名原文：The Image of the City
　ISBN 978–7–5222–0639–4

　Ⅰ . ①城⋯ Ⅱ . ①凯⋯ ②万⋯ Ⅲ . ①城市规划
Ⅳ . ① TU984

中国国家版本馆 CIP 数据核字（2024）第 021658 号

城市意象

作　　者	［美］凯文·林奇
译　　者	万美文
策划编辑	罗　庆
责任编辑	杜潇伟
责任印制	顾瑞清

出版发行	华夏出版社有限公司
经　　销	新华书店
印　　刷	三河市万龙印装有限公司
装　　订	三河市万龙印装有限公司
版　　次	2024 年 10 月北京第 1 版　2024 年 10 月北京第 1 次印刷
开　　本	720×1030　1/16 开
印　　张	11.5
字　　数	176 千字
定　　价	79.00 元

华夏出版社有限公司　网址：www.hxph.com.cn　电话：(010) 64663331（转）
　　　　　　　　　　　地址：北京市东直门外香河园北里 4 号　邮编：100028
若发现本版图书有印装质量问题，请与我社营销中心联系调换。